中等职业教育改革创新示范教材
计算机应用专业

ASP 动态网页设计

ASP Dongtai Wangye Sheji

（第 3 版）

主　编　李书标　杜广彦

副主编　李　倩　白　昭

　　　　李　刚　边　亮

U0213466

高等教育出版社·北京

内容简介

本书是中等职业教育改革创新示范教材，依据教育部《中等职业学校计算机应用专业教学标准》，采用任务驱动的方式，组织教学内容，突出应用性和实践性，运用实例由浅入深地介绍建立一个基于 ASP 的动态网站所需要的各种常用技术。本书在第 2 版基础上修订而成。

本书围绕一个公司网站动态网页设计展开，共分 9 个项目，分别是：创建一个 ASP 程序、建立网页模板、设计网站计数器程序、创建在线投票系统、创建留言板、创建新闻发布系统、制作企业产品展示页面、创建动态广告、发布及维护网站。每个项目实现相应的功能，从小到大，由简到繁，使读者掌握 ASP 开发动态网页的常用方法和技巧。

本书适合中等职业学校计算机应用专业及其他相关专业教学使用，也适合初次接触 ASP 动态网页设计的读者参考使用。

图书在版编目（C I P）数据

ASP 动态网页设计／李书标，杜广彦主编. -- 3 版
. -- 北京：高等教育出版社，2022.1（2024.2重印）
计算机应用专业
ISBN 978-7-04-056184-5

Ⅰ.①A…　Ⅱ.①李…　②杜…　Ⅲ.①网页制作工具-程序设计-中等专业学校-教材　Ⅳ.①TP393.092.2

中国版本图书馆 CIP 数据核字（2021）第 103914 号

| 策划编辑 | 赵美琪 | 责任编辑 | 赵美琪 | 封面设计 | 张　志 | 版式设计 | 王艳红 |
| 责任校对 | 张　薇 | 责任印制 | 高　峰 | | | | |

出版发行	高等教育出版社	网　　址	http://www.hep.edu.cn
社　　址	北京市西城区德外大街 4 号		http://www.hep.com.cn
邮政编码	100120	网上订购	http://www.hepmall.com.cn
印　　刷	固安县铭成印刷有限公司		http://www.hepmall.com
开　　本	889mm×1194mm　1/16		http://www.hepmall.cn
印　　张	13.5	版　　次	2008 年 6 月第 1 版
字　　数	280 千字		2022 年 1 月第 3 版
购书热线	010-58581118	印　　次	2024 年 2 月第 2 次印刷
咨询电话	400-810-0598	定　　价	32.40 元

本书如有缺页、倒页、脱页等质量问题，请到所购图书销售部门联系调换
版权所有　侵权必究
物 料 号　56184-00

前　言

本书是中等职业教育改革创新示范教材，依据教育部《中等职业学校计算机应用专业教学标准》，在第 2 版基础上修订而成。

本次修订基于技术的进步，并结合编者多年的教学实践经验，力求提升本书的教学适应性。本次修订保留第 2 版的编写体例和风格，删除了陈旧内容，把最新的知识与最新的工作技能充实到教学内容中。教学内容按项目教学展开，在完成一个项目的过程中将知识点有机地串起来，同时让学生切身感受到学习的实用性，弥补传统课程学而不知其用的不足。

本次修订在教学内容上主要做了以下几方面的工作。

（1）在开发环境上，编者选用目前普遍使用的 Windows 10、Windows Server 2019 操作系统替代原来的 Windows 7 作为主要支撑平台，方便读者搭建开发环境；用 Dreamweaver 2020 软件替代 Dreamweaver CS5 作为开发工具，使读者可以更方便地制作网页和管理网站；依旧采用 Access 作为数据库软件，版本改用 Access 2019，方便操作和网站发布。

（2）增加了"建立网页模板"和"发布及维护网站"两个项目。

（3）对原有内容进行修改，如有些项目增加了任务，更新了部分"小知识"中的内容。

（4）新增加代码样式，结构更加清晰。

（5）利用 Dreamweaver、Access 等软件让学生从大量程序代码中解脱出来，并提高其学习兴趣。

ASP 动态网页设计是一门集知识和技能于一体、实践性很强的课程，要求学生既要学好理论知识，又要掌握实际操作技能。本书将制作一个企业网站的大项目的各部分功能分解开，作为阶段项目引导学生分期完成，可以降低项目的制作难度，逐步积累知识技能，同时也有利于学生在学习中体会到成就感，树立学习的信心。教师在使用本书的过程中，也要针对学生实际，合理运用任务驱动教学，以推动教学方法改革，促进教学质量的提高。

本书编写团队由多年从事计算机网络教学的骨干教师及从事网络工作的工程师组成，编写团队呈现多元化，由"教学名师+行业专家+双师型教师"构成。李书标、杜广彦任主编，李倩、白昭、李刚、边亮任副主编，王建辉、严长笑、周长特参加编写。

由于编者水平有限，书中难免存在一些疏漏和不足之处，恳请广大师生批评指正，以便我们修改完善。读者意见反馈邮箱：zz_dzyj@ pub. hep. cn。

编者
2021 年 8 月

目　录

创建一个 ASP 程序

金鑫贸易有限公司是一家综合性贸易公司，根据业务需要，公司需要建立自己的企业网站。该公司将此项任务交给了技术骨干小李，我们将同小李一起完成所有的项目，从中学习 ASP 动态网页设计、网站发布与维护等技能操作，掌握 ASP 编程的相关知识。

通过本项目的学习，掌握如何配置 ASP 程序的运行环境，了解 IIS 的基本知识，学会创建和定义 Dreamweaver 站点，通过一个实例了解如何编写与测试 ASP 程序。

任务 1　启用 IIS

 任务描述

小李接到任务后，着手进行准备工作。编写 ASP 程序前需要配置 ASP 运行环境，在 Windows 操作系统下最有效又常见的测试 ASP 程序的工具是 IIS，所以要想建立自己的站点就要启用 Windows 的 IIS。目前 IIS 最新版本是 IIS 10.0。

 自己动手

要进行网站开发测试就必须学会在不同操作系统下启用 IIS。本书在 Windows 10 操作系统环境中进行 IIS 相关操作。

（1）在 Windows 10 操作系统中，单击"开始"按钮，在程序菜单中单击"Windows 系统"文件夹，单击其中的"控制面板"选项，如图 1-1 所示。

（2）在图 1-2 所示的"控制面板"窗口中，单击"程序"链接。"程序"窗口的主要功能是卸载程序及启用或关闭 Windows 功能。

（3）在图 1-3 所示的"程序"窗口中，单击"启用或关闭 Windows 功能"链接，打开"Window 功能"窗口。

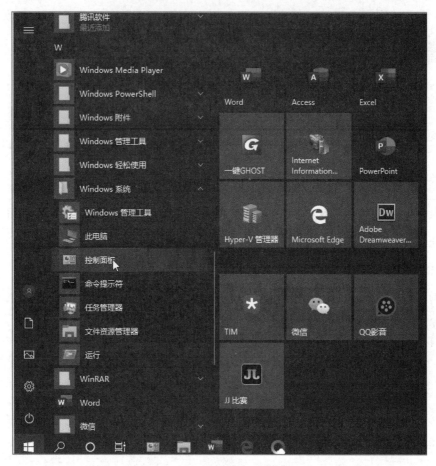

图 1-1 "控制面板"位置

图 1-2 "控制面板"窗口

图 1-3　"程序"窗口

（4）在图 1-4 所示的"Windows 功能"窗口中，勾选 Internet Information Services 复选框。

图 1-4　"Windows 功能"窗口

　　提个醒

　　在 Windows 10 的"启用或关闭 Win-dows 功能"窗口中，如果复选框为填充框，表示只安装了一部分基本功能，如图 1-5 所示。如果复选框内有"√"，则表示启用了全部功能。前方有"＋"说明有下一级功能供选择启用。

图 1-5　有填充的复选框

（5）在图 1-6 所示的窗口中，单击 Internet Information Services 复选框前方的"＋"，依次展开"万维网服务"→"应用程序开发功能"选项组，勾选其中的 ASP 和"服务器端包含"复选框，勾选 ASP 时会自动勾选"ISAPI 扩展"复选框，单击"确定"按钮。

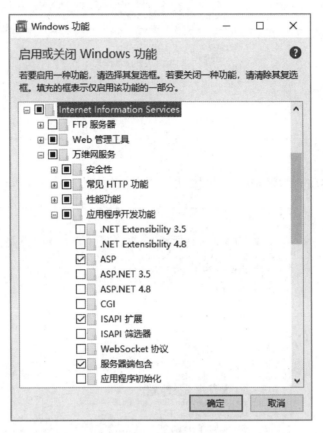

图 1-6　完全安装 ASP 及服务器端包含

> 📖 **小知识**
>
> IIS（internet information services）提供了测试与发布 ASP 程序所需要的万维网服务。WWW 服务（万维网服务）是 IIS 中最重要的服务，所以启用 IIS 时默认安装好万维网服务及管理程序，但不会自动启用"ASP"与"服务器端包含"功能，需人为启用这两项功能。不启用这两项功能，就不能调试或发布 ASP 程序。

（6）这时出现"正在应用所做的更改"提示框，安装完成后出现"Windows 已完成请求的更改"提示框，单击"关闭"按钮，完成启用过程。

（7）在地址栏中输入 http://localhost，也可以输入 http://127.0.0.1，出现图 1-7 所示的 IIS 10.0 的欢迎界面，表示成功地启用了 IIS 功能。

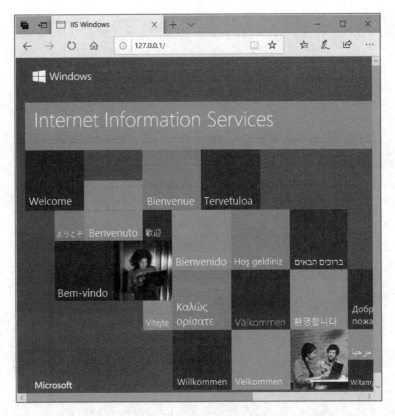

图 1-7　IIS 10.0 欢迎界面

 小知识

　　localhost 意为"本地主机"，指"这台计算机"，是在 host 文件中给回路网络接口（loopback）127.0.0.1 的一个标准主机名。如果将网页保存在 Web 网站的根目录中，则可以在本地计算机上任何窗口的地址栏中通过输入"http://localhost/文件名"来访问该网页。

 举一反三

　　公司服务器上安装的是 Windows Server 2019 操作系统，小李要想将自己在 Windows 10 操作系统环境下开发的网站发布到服务器上，就必须在 Windows Server 2019 上启用 IIS。

　　（1）在 Windows Server 2019 下，单击"开始"按钮，选择"服务器管理器"选项，如图 1-8 所示。

　　（2）这时出现图 1-9 所示的"请尝试通过 Windows Admin Center 管理服务器"提示框，单击"关闭"按钮，弹出 Windows Server 2019 的"服务器管理器"窗口。

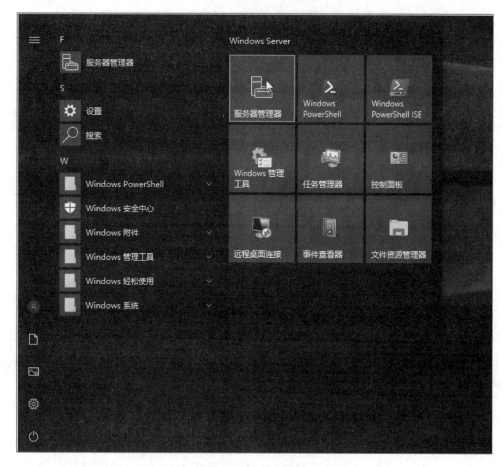

图 1-8 "服务器管理器"选项

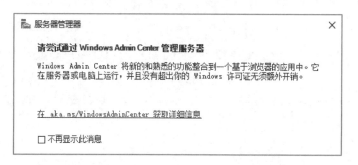

图 1-9 "请尝试通过 Windows Admin Center 管理服务器"提示框

（3）在图 1-10 所示的"服务器管理器"窗口中，单击"管理"菜单，在弹出的命令列表中单击"添加角色和功能"命令，出现图 1-11 所示的"添加角色和功能向导"窗口。

（4）"添加角色和功能向导"第一步是"开始之前"，首先要验证完成添加角色和功能的先决条件：一是管理员账户使用的是强密码；二是有静态 IP 地址；三是服务器已从 Windows 更新安装最新的安全更新。三项工作确认完成后，单击"下一步"按钮。

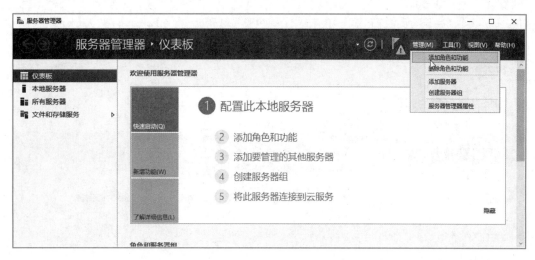

图 1-10　"服务器管理器"窗口

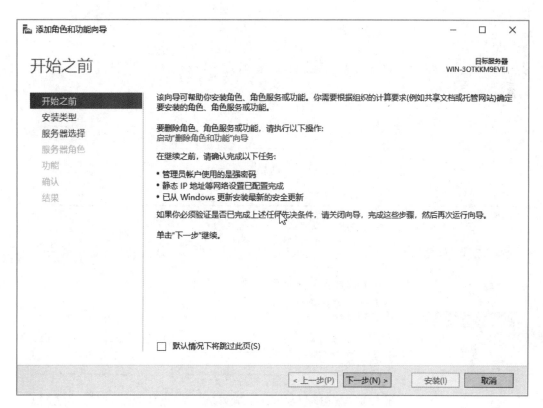

图 1-11　"添加角色和功能向导"窗口

（5）在图 1-12 所示的向导第二步"选择安装类型"界面中，选择"基于角色或基于功能的安装"单选按钮，单击"下一步"按钮。

（6）在图 1-13 所示的"选择目标服务器"界面中，选择"从服务器池中选择服务器"单选按钮，选中当前服务器，单击"下一步"按钮。

（7）在图 1-14 所示的"选择服务器角色"界面中，勾选"Web 服务器（IIS）"复选框，弹出图 1-15 所示的"添加 Web 服务器（IIS）所需的功能？"确认框，单击"添加功能"按钮，返回图 1-14 所示窗口，单击"下一步"按钮。

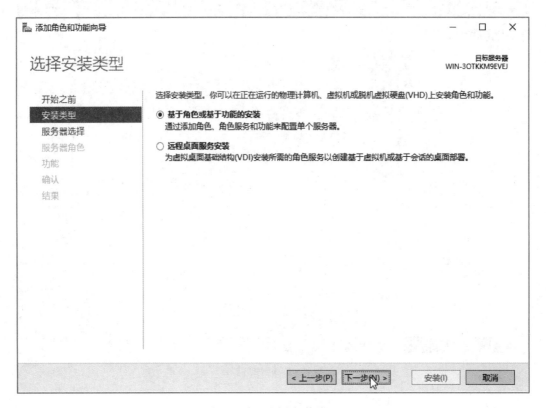

图 1-12　选择安装类型

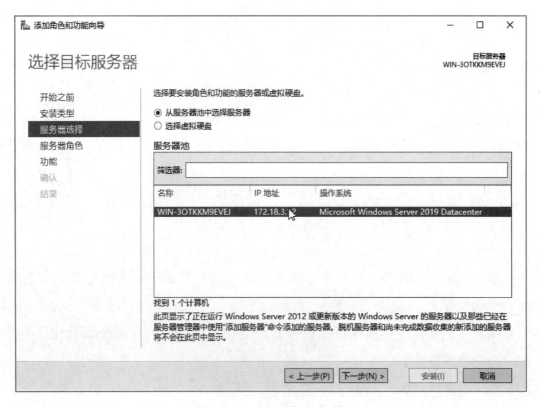

图 1-13　选择目标服务器

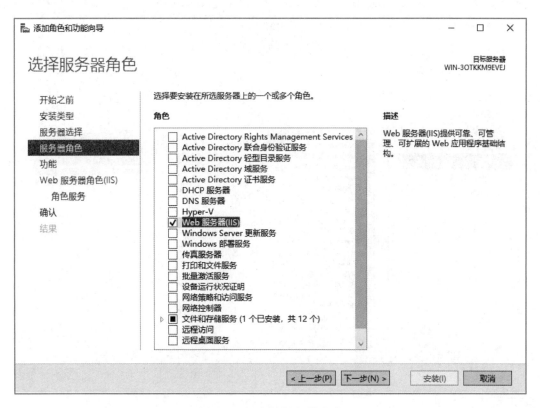

图 1-14 选择服务器角色

（8）在图 1-16 所示的"选择功能"界面中，保持默认设置，单击"下一步"按钮。

（9）在图 1-17 所示的"Web 服务器角色（IIS）"界面中，保持默认设置，单击"下一步"按钮。

（10）如图 1-18 所示，在"选择角色服务"界面中，单击"应用程序开发"前方的右箭头按钮，在出现的选项中进行勾选，出现图 1-19 所示的"添加 ASP 所需的功能?"确认框，在对话框中单击"添加功能"按钮，返回图 1-18 所示窗口，单击"下一步"按钮。

图 1-15 "添加 Web 服务器（IIS）所需的功能?"确认框

（11）在图 1-20 所示的"确认安装所选内容"界面中，单击"安装"按钮。在出现的"结果"界面中"查看安装进度"窗格下方有功能安装进度条，如图 1-21 所示。安装完毕后出现"已在 XXX 上安装成功"提示后（XXX 为计算机名），单击"关闭"按钮完成安装。

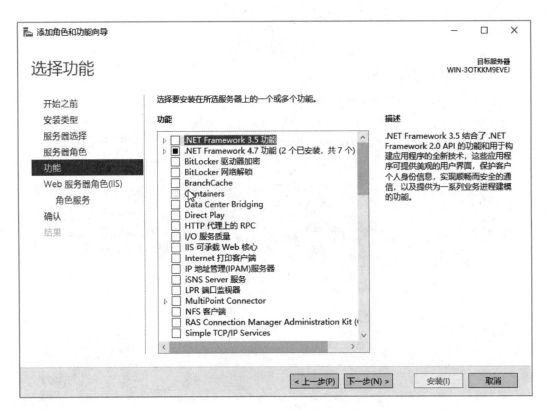

图 1-16　选择功能

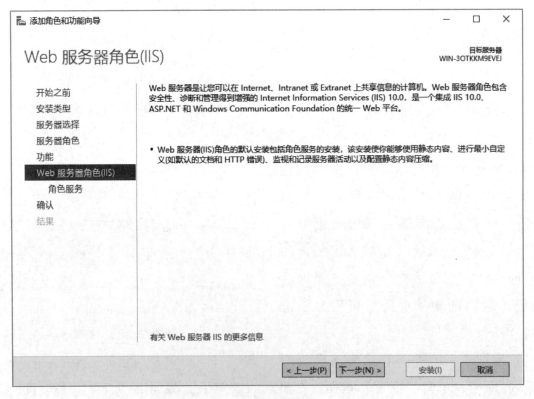

图 1-17　Web 服务器角色（IIS）

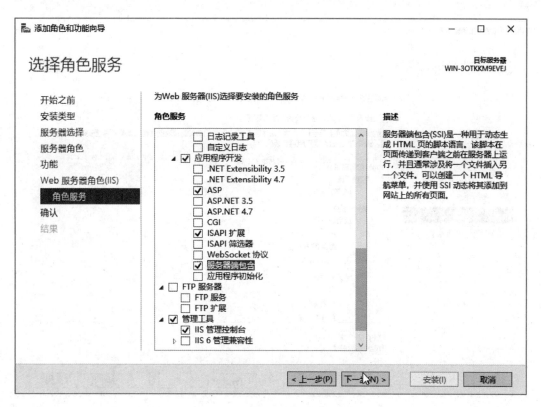

图 1-18 选择角色服务

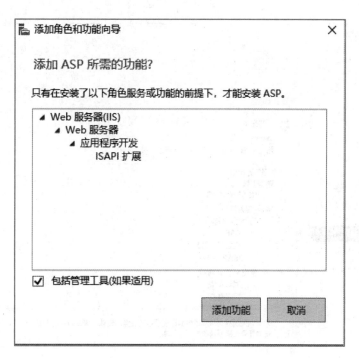

图 1-19 "添加 ASP 所需的功能?"确认框

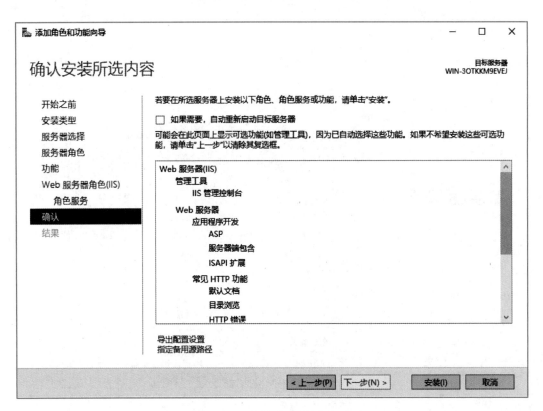

图 1-20　确认安装所选内容

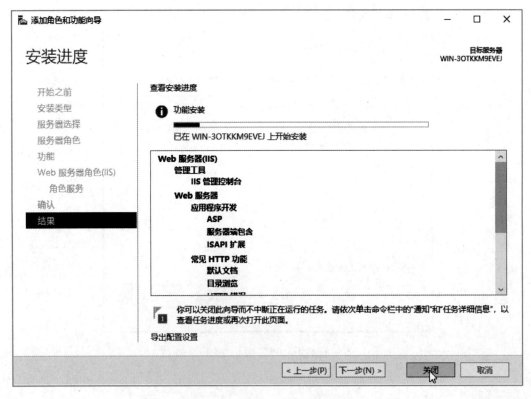

图 1-21　安装进度

（12）安装完成后，打开浏览器，在地址栏中输入 http://localhost，或输入 http://127.0.0.1，出现 10.0 欢迎界面，说明启用成功。

提个醒

在 Windows Server 2012、Windows Server 2019 等服务器操作系统添加服务角色时，选择一个角色，如果角色没有添加，可以添加它；如果角色已经被添加，也可以删除它。

服务器操作系统中一般不使用"启用与关闭 Windows 功能"启用 IIS，而使用添加角色与功能向导来完成，这样可以避免安装条件不足而出现错误。

任务 2　配置 IIS

 任务描述

小李已经启用了 IIS，但是要顺利地创建一个 ASP 程序，还必须要对 IIS 进行正确的配置，对站点文件夹访问权限进行正确设置，才能进行公司网站项目的开发。

 自己动手

1. 在 Windows 10 中配置 IIS

（1）单击"开始"按钮，在弹出的列表中，单击"Windows 管理工具"选项，在列表中单击"Internet Information Services（IIS）管理器"命令，如图 1-22 所示，弹出"Internet Information Services（IIS）管理器"窗口。

（2）在"Internet Information Services（IIS）管理器"窗口中，在左方的"连接"框中依次单击"计算机名"→"网站"选项，展开"网站"选项后，选中系统默认的网站（Default Web Site），右击，在弹出的快捷菜单中选择"删除"命令，如图 1-23 所示。

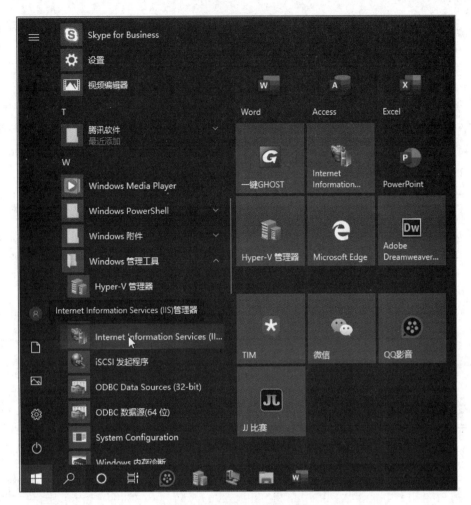

图 1-22 Windows 管理工具

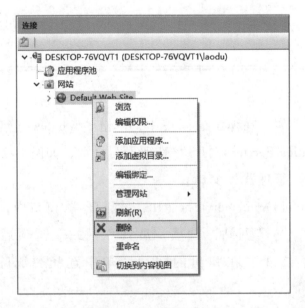

图 1-23 删除网站

提个醒

Default Web Site 安全设置高，其默认文档等的设置不符合 ASP 程序自主开发的要求。停止或删除它并建立新站点可以解决这个问题。

（3）在左方的"连接"窗格中选中"网站"选项，单击右方的"操作"窗格中"添加网站"选项，如图 1-24 所示。或在"网站"选项上右击，在弹出的快捷菜单中选择"添加网站"命令，弹出"添加网站"对话框。

（4）在图 1-25 所示的"添加网站"对话框中，设置网站名称为"ASP 学习站点"，物理路径为"D:\My Site"，其他设置保持默认，单击"确定"按钮。

图 1-24　"添加网站"选项

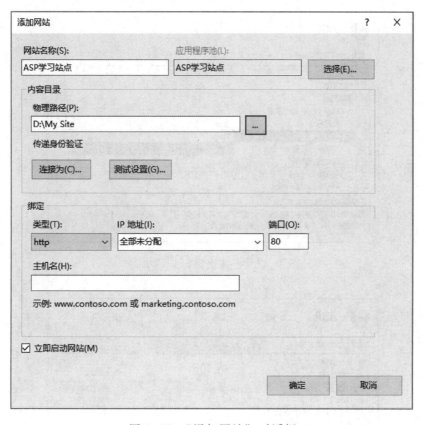

图 1-25　"添加网站"对话框

（5）在左方的"连接"窗格中选中新建的名为"ASP 学习站点"的网站，在中间区域，即图 1-26 所示的"主页"窗格中，双击 ASP 图标，中间"主页"窗格变成了 ASP 窗格。

（6）在图 1-27 所示的 ASP 窗格中，展开"调试属性"组，设置"将错误发送到浏览器"属性为 True。展开"行为"组，设置"启用父路径"属性为 True，如图 1-28 所示。在右方"操作"窗格中单击"应用"选项，这时警报提示"已成功保存更改。"，如图 1-29 所示。

图 1-26　"主页"窗格

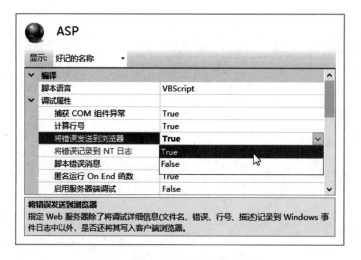

图 1-27　将错误发送到浏览器

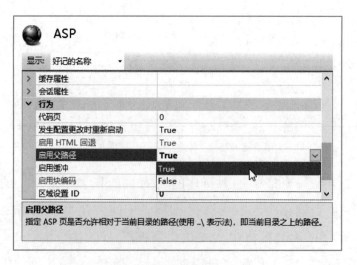

图 1-28　启用父路径

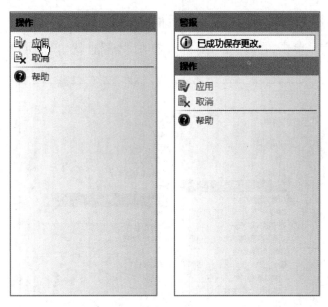

图 1-29 警报提示

 提个醒

　　网站设置中，只有启用父路径，才能正常地进行数据库连接，否则会出现"父路径找不到"的问题。

　　（7）在左边的"连接"窗格中，单击"应用程序池"选项，中间出现"应用程序池"窗格，如图 1-30 所示。中间的"应用程序池"窗格中选择名为"ASP 学习站点"的应用程序，单击右方"操作"窗格中的"编辑应用程序池"组中的"高级设置"选项，弹出"高级设置"对话框。

图 1-30 应用程序池

（8）在图 1-31 所示的"高级设置"对话框中，设置"启用 32 位应用程序"属性（默认为 False）为"True"，单击"确定"按钮，应用程序池就可以使用 32 位的应用程序了。

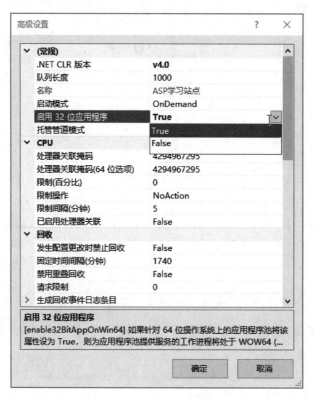

图 1-31　启用 32 位应用程序

 提个醒

　　Windows 7、Windows 10、Windows Server 2012 等多数使用 64 位操作系统，64 位操作系统不支持 Microsoft OLE DB Provider for Jet 驱动程序，也不支持更早的 Microsoft Access Driver（*.mdb）方式连接。支持早期版本的 Access 和 Excel 数据库的 Microsoft OLE DB Provider for Jet 在 64 位版本中无法正常工作，只有启用 32 位应用程序，才能连接数据库。

　　2. 设置站点文件夹的安全属性

　　（1）打开站点文件夹（D:\My Site），单击"主页"菜单，下方出现图 1-32 所示的快捷工具栏，单击其中的"属性"按钮（或在站点文件夹上右击，在弹出的快捷菜单中选择"属性"命令），弹出"My Site 属性"对话框。

　　（2）在图 1-33 所示的"My Site 属性"对话框中，选择"安全"选项卡，单击"编辑"按钮，出现"My Site 的权限"对话框。

图 1-32　主页快捷工具栏

（3）在图 1-34 所示的"My Site 的权限"对话框中，单击"添加"按钮，出现"选择用户或组"对话框。

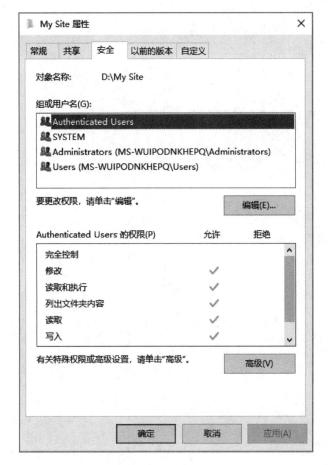

图 1-33　"安全"选项卡

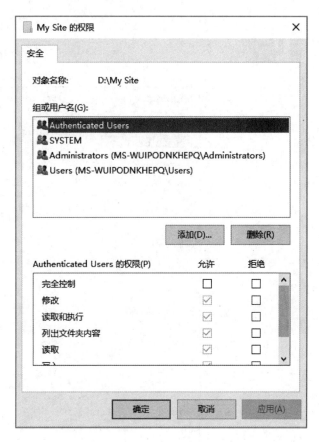

图 1-34　"My Site 的权限"对话框

（4）在图 1-35 所示的"选择用户或组"对话框中，单击"高级"按钮。

（5）在图 1-36 所示的"选择用户或组"高级对话框中，单击"立即查找"按钮。

（6）在"搜索结果"列表中找到 IIS_IUSRS 用户并选中它，如图 1-37 所示，单击"确定"按钮。

（7）返回图 1-38 所示的"选择用户或组"对话框，单击"确定"按钮，返回"My Site 的权限"对话框。

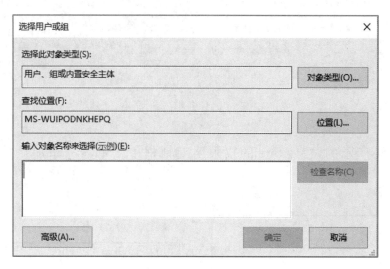

图 1-35 "选择用户或组"对话框

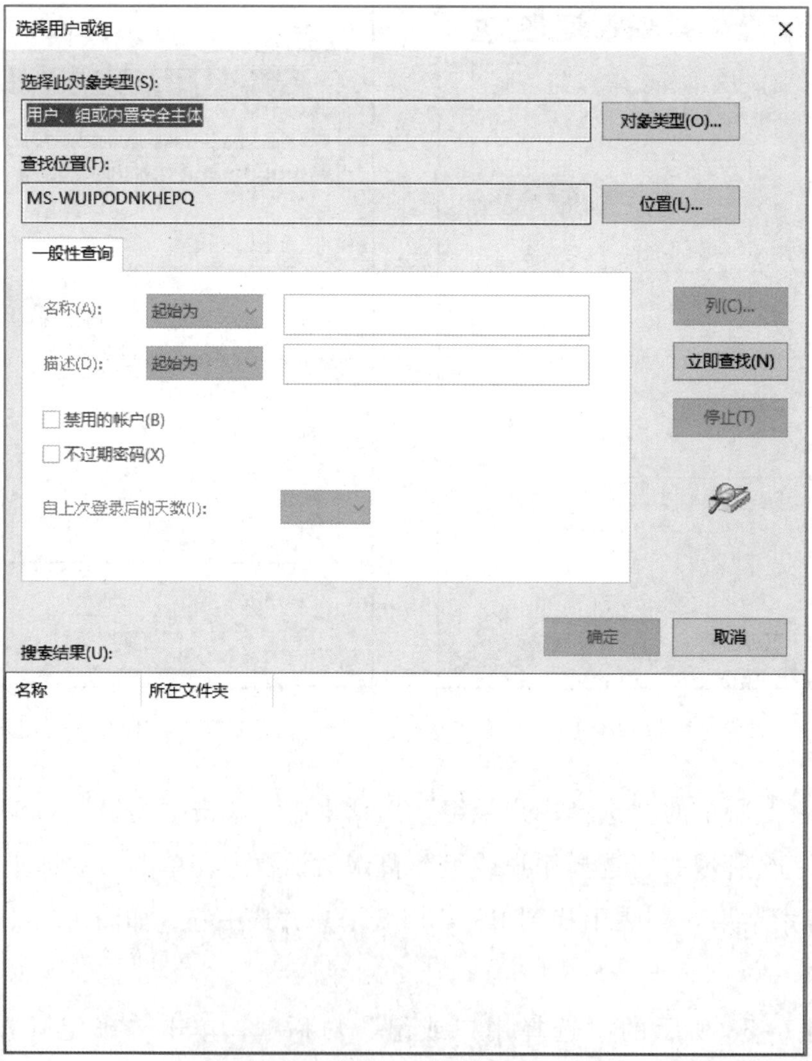

图 1-36 "选择用户或组"高级对话框

图 1-37　选中 IIS_IUSRS 用户

图 1-38　"选择用户或组"对话框

（8）在图 1-39 所示的"My Site 的权限"对话框中，在"组或用户名"组中选中 IIS_IUSRS 用户，在"IIS_IUSRS 的权限"组中，设置"完全控制"权限为"允许"，单击"确定"按钮，返回"My Site 属性"对话框。

（9）在图 1-40 所示的"My Site 属性"对话框中，单击"确定"按钮，完成 My Site 权限设置。

图 1-39 "My Site 的权限"对话框

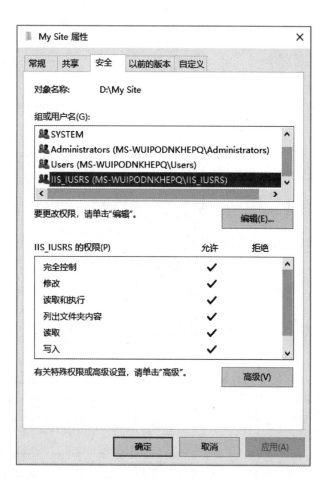

图 1-40 "My Site 属性"对话框

📖 小知识

IUSR、IIS_IUSRS 是 IIS 7 及以后的 IIS 版本内置的匿名访问的用户与用户组，启用 IIS 的同时也就添加了这两个用户。在数据库操作数据时必须要设置该用户完全控制权限。测试过程中也可以让 Everyone 用户有完全控制权限，网站正式发布时一定要做正确的修改。

小李将网站发布到 Windows Server 2019 服务器上，也要对服务器的 IIS 正确地配置并设置文件夹安全属性。

（1）单击"服务器管理器"选项，出现"服务器管理器"窗口，单击"工具"菜单，在弹出的列表中单击"Internet Information Services（IIS）管理器"命令，如图 1-41 所示（也可以单击"开始"按钮，在列表中选择"管理工具"命令，通过"Internet Information Services（IIS）管理器"快捷方式打开 IIS 管理器）。进入图 1-42 所示的"Internet Information Services（IIS）管理器"起始页。

图 1-41　"Internet Information Services（IIS）管理器"命令

（2）完成删除或停用默认网站、新建网站、启用父路径、启用 32 位应用程序等操作，因为这是在服务器上进行的操作，所以可以省去设置"将错误发送到浏览器"。同样也要设置 IIS_IUSRS 用户可以完全控制站点文件夹等操作，操作过程与 Windows 10 类似，不再赘述。

图 1-42 "Internet Information Services（IIS）管理器"窗口

任务 3 建立 Dreamweaver 站点

任务描述

要编写复杂的 ASP 程序，需要使用专业的网页制作软件。小李选择使用 Dreamweaver CC 2020 和 Dreamweaver CS6 编辑、测试 ASP 程序，在 Dreamweaver CC 2020 上主要是创建符合 HTML5 标准规范的网页模板，ASP 程序则在 Dreamweaver CS6 上完成。在安装 Dreamweaver CC 2020 和 Dreamweaver CS6 之后，需要创建 Dreamweaver 站点，完成 ASP 程序开发平台的搭建。

自己动手

（1）启动 Dreamweaver CC 2020 软件，出现 Dreamweaver 欢迎界面，单击"站点"菜单，在列表中选择"新建站点"命令（或在初始页面中选择"新建"组中"Dreamweaver 站点"命令建

立站点。如果一开始没有建立站点，可以通过"文件"面板建立新站点，或单击"管理站点"对话框中的"新建站点"按钮，如图 1-43 所示），弹出"站点设置对象"对话框。

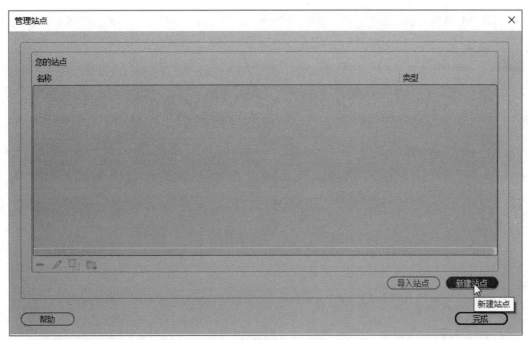

图 1-43　"管理站点"对话框

（2）在图 1-44 所示的"站点设置对象"对话框中，设置站点名称为"ASP 学习站点"，设置本地站点文件夹为"D:\My Site\"。

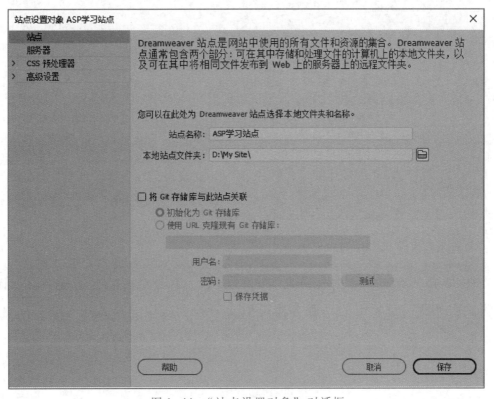

图 1-44　"站点设置对象"对话框

提个醒

　　Dreamweaver 站点的位置要与 IIS 中建立网站的文件夹相同，才能通过按 F12 键对网页进行本机测试。这里将 Windows 10 中 IIS 网站的物理路径与 Dreamweaver 站点的本地站点文件夹都设置为 D:\My Site。

　　（3）在图 1-44 所示的"站点设置对象"对话框中，单击左侧框中的"服务器"选项，右侧框变成了"服务器设置"窗格。

　　（4）在图 1-45 所示的"服务器设置"窗格中单击➕按钮，在弹出的图 1-46 所示的"添加服务器"对话框中的"基本"选项卡中输入服务器名称为"ASP 学习站点"，设置连接方法为"本地/网络"，服务器文件夹设置为"D:\My Site"，Web URL 为"http://localhost/"。

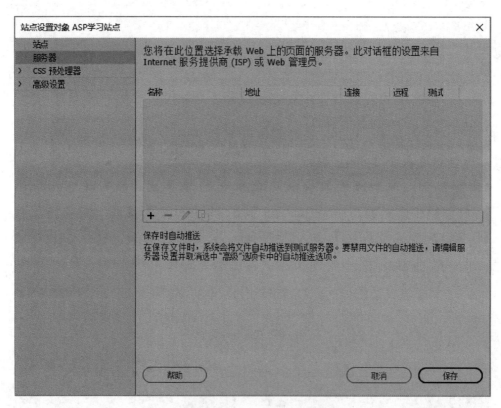

图 1-45　添加新服务器

　　（5）在图 1-46 所示的"添加服务器"对话框中，单击"高级"选项卡，如图 1-47 所示。在"测试服务器"选项组的"服务器模型"下拉列表中选择 ASP VBScript 选项，单击"保存"按钮。

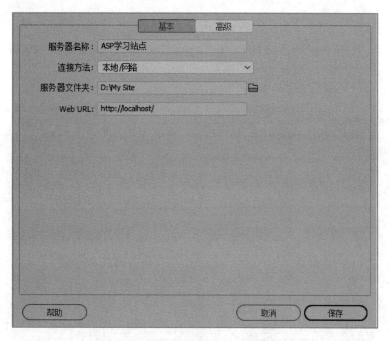

图 1-46　"添加服务器"对话框

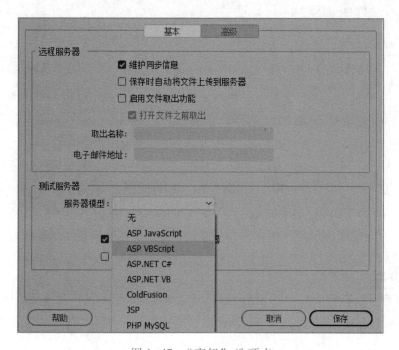

图 1-47　"高级"选项卡

小知识

　　Dreamweaver 有强大的站点管理功能。在高级设置中可以对视频、图像文件夹位置，超链接的方式，Spry 对象的 CSS 样式表文件及 JavaScript 文件保存位置进行规划与设计，还可以添加设计备注；同时可以对站点内无链接文件进行标记及管理；导出与导入站点；可以对站点进行备份与还原。熟练地使用这些功能可以达到事半功倍的效果。

（6）此时在图 1-48 所示的"服务器设置"窗格中，可以看到新添加的"ASP 学习站点"，选中"测试"单选按钮（Dreamweaver CS6 中是两个单选按钮），单击"保存"按钮。

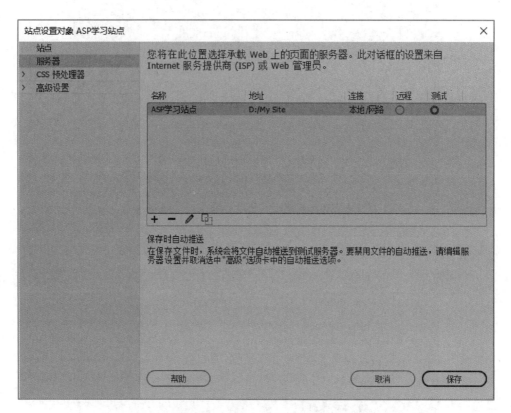

图 1-48 "服务器设置"窗格

（7）在"站点管理"对话框中，单击"完成"按钮。至此，Dreamweaver 站点定义完成，可以通过它来创建和测试 ASP 程序了。

 举一反三

建立一个绑定的主机名为 www.jinxin.com，本地文件夹为"D:\jinxin\"的本地 Dreamweaver 测试站点。

（1）建立本地文件夹"D:\jinxin\"，将 IIS_IUSRS 用户权限设置为完全控制，如图 1-49 所示。

（2）用记事本打开"C:\Windows\System32\drivers\etc\"下的 hosts 文件，在文件最后一行加入文本"127.0.0.1 www.jinxin.com"，按 Ctrl+S 键，保存文件，如图 1-50 所示。

图 1-49　IIS_IURS 用户完全控制

图 1-50　设置 hosts 文件

📖 **小知识**

　　hosts 是一个没有扩展名的系统文件，其作用就是将一些常用的网址域名与其对应的 IP 地址建立一个关联"数据库"，当用户在浏览器中输入一个需要登录的网址时，系统会首先自动从 hosts 文件中寻找对应的 IP 地址，一旦找到，系统会立即打开对应网页，如果没有找到，则系统会再将主机名提交给 DNS 域名解析服务器进行 IP 地址的解析。

（3）在 IIS 中新建一个网站，设置网站名称为"金鑫贸易有限公司"，文件夹为"D:\jinxin"，绑定的主机名填写"www.jinxin.com"，如图 1-51 所示。

图 1-51 主机名设置

 小知识

IIS 支持同时运行多个网站。

① 使用不同 IP 地址区分 Web 站点。有多个网卡可以设置不同 IP 地址或在一个网卡上设置多个 IP 地址，就可以让不同 IP 地址运行不同网站了。

② 使用不同的端口区分 Web 站点。网站默认的 TCP 端口是 80，假如用 81、8080 等就可以同时运行多个网站。

③ 使用主机头（域名）的方式区分多个 Web 站点。就是设置不同的主机头来同时运行多个网站。本例中主机头为"www.jinxin.com"。

（4）新建一个 Dreamweaver 站点，名称为"金鑫贸易有限公司"，本地文件夹为"D:\jinxin\"，如图 1-52 所示。

（5）新建一个测试服务器，名称为"金鑫贸易有限公司"，连接方法为"本地/网络"，本地文件设置为"D:\jinxin"，WebURL 为"www.jinxin.com"，在"高级"选项卡中选择服务器模型为"ASP VBScript"，单击"保存"按钮，单击"测试"单选按钮，完成新建站点的操作，如图 1-53 所示。

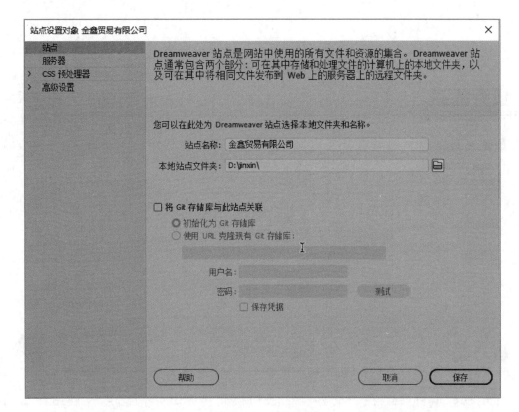

图 1-52　本地设置

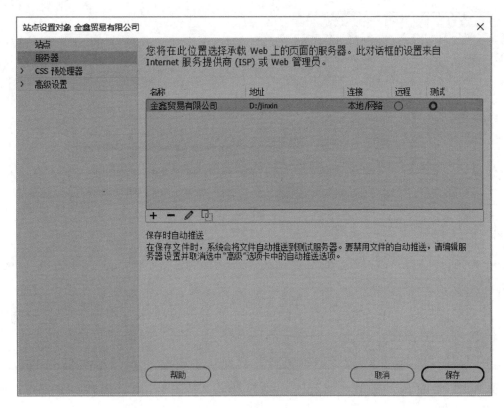

图 1-53　测试服务器设置

任务描述

本任务通过制作一个显示服务器时间的例子，来体会制作一个 ASP 程序的过程，结果如图 1-54 所示。

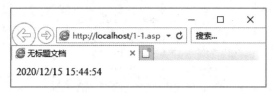

图 1-54 1-1. asp 测试结果

自己动手

（1）打开 Dreamweaver，在"文件"面板切换到"ASP 学习站点"网站，在站点上右击，在快捷菜单中选择"新建文件"命令，如图 1-55 所示。新建文件名为"1-1. asp"文件，双击打开。

（2）在图 1-56 所示的 Dreamweaver"插入"栏中，单击"ASP"选项卡，切换到 ASP 快捷工具。

图 1-55 "新建文件"命令

图 1-56 "插入"栏 ASP 快捷工具

> 📖 **小知识**
>
> Dreamweaver"插入"栏包含用于创建和插入对象（如表格、层和图像）的按钮。当鼠标指针移动到一个按钮上时，会出现一个工具提示，其中含有该按钮的名称。
>
> 某些类别具有带弹出菜单的按钮，从弹出菜单中选择一个选项时，该选项将成为该按钮的默认操作。每当从弹出菜单中选择一个新选项时，该按钮的默认操作都会改变。

（3）光标在页面内，单击"输出"按钮 <%=，视图自动切换成"拆分"视图，在"< % = % >"中"="后直接输入"now"，完整代码是"< % = now% >"。按 F12 键，保存并在 IE 中预览网页，如图 1-54 所示。

 提个醒

F12 键是在主浏览器中预览网页的快捷键。本书主浏览器为 IE，用户也可以设置为已安装的其他浏览器，如谷歌、火狐等。第一次按 F12 键测试网页时会出现是否自动保存的对话框，选择"是"按钮，以后直接按 F12 键就可以自动保存，并预览网页。

 举一反三

（1）在站点中新建一个名为"1-2.asp"的文件。切换到"拆分"视图，在"<body></body>"中，单击"插入"栏的"ASP"选项卡，单击"代码块"按钮 ，在中间输入"for i=1 to 7"，然后输入"<font size=>创建一个 ASP 程序
</font>"，在等号后单击"输出"按钮，输入文本"i"。最后单击"代码块"按钮，在代码块中输入"next"，形成代码如下。

```
< % For i = 1 To 7% >
  < font size =<%  = i%  >>创建一个 ASP 程序 < br ></ font >
< %  Next %  >
```

（2）按 F12 键测试网页，结果如图 1-57 所示。

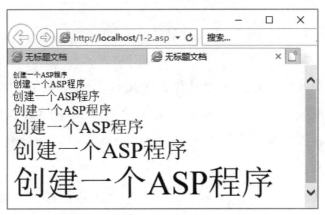

图 1-57 1-2.asp 测试结果

 小知识

常用的 HTML 标记如下。

（1）<hx></hx>标题字体标记：定义了 6 级标题，分别为 H1、H2、…、H6，用于表示文章中的各种标题，编号越小，字体越大。标题字体标记限定了所有的字体变化、段落之间的距离及表现标题时的空格大小。标题字体标记有对齐（align）属性，其值

left 为左对齐、center 为居中、right 为右对齐。

（2）<p></p>段落标记：为了排列整齐、清晰，文字段落之间常用<p></p>做标记。文件段落的开始由<p>来标记，段落的结束由</p>来标记，</p>是可以省略的，因为下一个<p>的开始就意味着上一个<p>的结束。<p>标记还可以使用 align 属性，其值 left 为左对齐、center 为居中、right 为右对齐。

（3）
换行标记：如果只想换行而不是重新开始一个段落，就使用
标记，
放在任意位置都会在当前位置换行。

（4）<font></font>标记：用来设置文字字体、颜色及大小等信息，face 属性指定显示文字的字体，size 和 color 属性指定显示文本的字体大小和颜色。size 属性规定 font 元素中文本的字体大小（其值为从 1 到 7，浏览器默认值是 3）。

（5）<div></div>标记：定义 HTML 文档中的一个分隔区块或者一个区域，以便通过 CSS 来对这些元素进行格式化，经常与 CSS 一起使用，用来布局网页。

（6）<span></span>标记：用于对文档中的行内元素进行组合，没有固定的格式表现，当对它应用样式时，它才会产生视觉上的变化。如果<span>不应用样式，那么<span>元素中的文本与其他文本不会有任何视觉上的差异。

（7）</li><li>标记：定义列表项目，可用在有序列表（<ol>）、无序列表（<ul>）和菜单列表（<menu>）中。

知识拓展

1. 了解动态网页

动态网页是跟静态网页相对的一种网页编程技术。静态网页，随着 HTML 代码的生成，页面的内容和显示效果基本上不再发生变化（除非后台修改页面代码）。而动态网页则不同，页面代码虽然没有变，但是显示的内容却可以随着时间、环境或数据库操作的结果而发生改变。

这里说的动态网页，与网页上的各种动画、滚动字幕等视觉上的动态效果没有直接关系，动态网页可以是纯文字内容的，也可以是包含各种动画的内容，这些只是网页具体内容的表现形式，无论网页是否具有动态效果，只要是采用了动态网站技术生成的网页都可以称为动态网页。

客户浏览动态网页时，会在服务器上执行一些程序，由于每次执行程序时的请求与参数不同，执行的结果会不同，因而最终传送到客户端浏览器中的内容也将有所不同，所以称为动态网页。

对于"动态网站"而言，它的第一要义就是"动态"，也就是说，它的内容是会变化的，这里所讲的"变化"不包括动态 GIF 图片、Flash 动画，而是指其具备"交互性"，即网页会根据用户的要求和选择而动态改变和响应。例如，可以在图 1-58 所示的搜索页面（"百度"网站首页）中输入一个关键字，然后单击页面中的搜索功能按钮（"百度一下"按钮）。

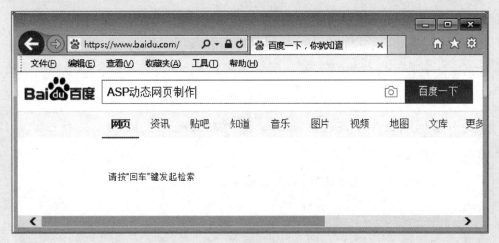

图 1-58 "百度"网站首页

接下来将获得与搜索关键字相关的网页内容，可以根据搜索结果单击访问所需的内容，如图 1-59 所示。

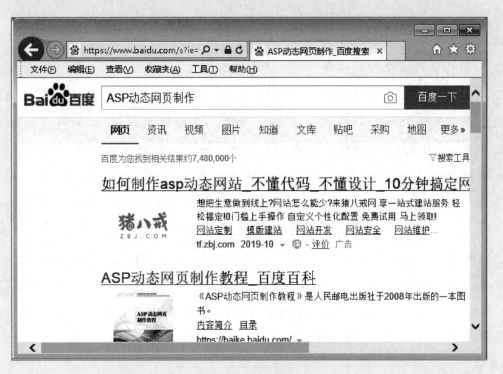

图 1-59 搜索结果页面

根据所提交搜索关键字的不同，搜索的结果也会相应变化，这就是动态站点的特点。如果用一个更为专业的词汇来概括，那就是"数据交换"或"数据交互"。

搜索功能只是动态站点的一个基本功能，动态站点还可以实现用户注册、信息发布、产品展示、订单管理等功能。

2. 动态网页的特点

动态网页的特点可以归纳如下。

（1）网页 URL 是以 .asp、.aspx、.jsp、.php 等形式为后缀，并且在动态网页网址中常有一个标志性的符号"？"。

（2）动态网页以数据库技术为基础，大大降低了网站维护的工作量。

（3）动态网页实际上并不是独立存在于服务器上的网页文件，只有当用户请求时，服务器才返回一个完整的网页。

（4）采用动态网页技术制作的网站可以实现更多的功能。

3. ASP 简介

ASP 的英文全称是 Active Server Pages，译成中文是"动态服务器网页"。它是 Microsoft 公司开发的服务器端脚本环境，可用来创建动态交互式网页并建立强大的 Web 应用程序。在 ASP 环境下，开发者可以结合 HTML 网页、ASP 指令和 ActiveX 组件建立动态、交互且高效的 Web 服务器端应用程序。开发者不必担心客户的浏览器是否能运行所编写的代码，因为所有的程序都将在服务器端执行。当程序执行完毕后，服务器仅将执行的结果返回给客户浏览器。

4. B/S 结构软件系统构造技术

随着互联网和 WWW 的流行，以往的主机/终端和 C/S 都无法满足当前的全球网络开放、互连、信息随处可见和信息共享的新要求，于是就出现了 B/S 结构（Browser/Server 结构）。它是对 C/S 结构的一种改进，是一种全新的软件系统构造技术。

在这种结构下，用户界面完全通过 WWW 浏览器实现。在前端（Browser）用到 HTML、CS、Java Script、Photoshop、Adobe Illustrator 等实现极少部分事务逻辑工作，而在服务器端（Server）用到 PHP、ASP、MySQL 等进行程序开发、数据处理等。以目前的技术来看，通过互联网建立 B/S 架构的网络应用程序更容易把握。它是一次性到位的开发，能实现不同的人员从不同的地点，以不同的接入方式（如 LAN、WAN、Internet/Intranet 等）访问和操作共同的数据库，大大简化了客户端计算机载荷，减轻了系统维护的成本和工作量，更有效地保护了数据平台和管理访问权限。其工作模式如图 1-60 所示。

　　这种模式的特点统一了客户端，将系统功能实现的核心部分集中到服务器上，简化了系统的开发、维护和使用。例如，客户机上只要安装一个浏览器，如 Internet Explorer 或 Edge，服务器安装 SQL Server、Oracle、MySQL 等数据库。浏览器通过 Web Server 与数据库进行数据交互。其优势如下。

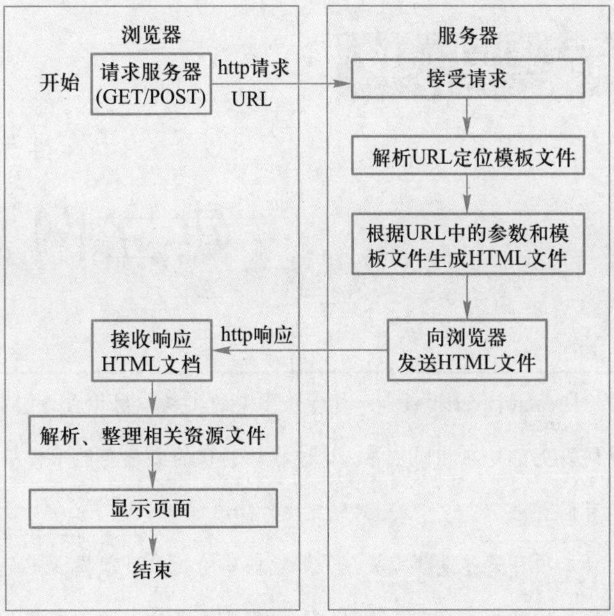

　　（1）分布性：可以随时进行查询、浏览等业务。

　　（2）业务扩展方便：增加网页即可增加服务器功能。

　　（3）维护简单方便：改变网页即可实现所有用户同步更新。

　　（4）开发简单，共享性强，成本低，数据可以持久存储在云端而不必担心数据的丢失。

图 1-60　B/S 结构工作模式

项 目 2

建立网页模板

Dreamweaver 模板是一种特殊类型的文档，用于设计"固定的"页面布局，如让站点的版权信息或徽标在每个网页上都处在相同位置，通过模板创建的文档会继承模板的页面布局。通过修改模板，可以更新该模板链接的所有网页。

本项目通过设计模板，了解数据库的知识，掌握 ASP 连接数据库与调用记录集的过程，掌握 Dreamweaver 网页模板的建立过程，了解 HTML、HTML5 基础知识，掌握 CSS+DIV 网页布局技术，为以后学习奠定基础。

任务 1 了解数据库应用

 任务描述

在使用 ASP 建立网站时，需要用数据库来存储信息。ASP 通过脚本语言对数据库，进行操作，从而达到动态显示数据的目的。

小李首先要考虑选择用什么样的数据库，数据库有 Oracle、Sybase、DB2、SQL Server、Access、FoxPro 等，其中 Oracle、Sybase、DB2 属于大型数据库，SQL Server 属于中型数据库，Access、FoxPro 属于小型数据库。从操作界面而言，Access 具有方便、简洁的优点，同时能充分利用 Windows 资源，安装简便，简单易学。小李最后决定采用 Access 2019 来创建数据库。

 自己动手

（1）在 Windows 中，单击"开始"按钮，在弹出的列表中选择 Access 命令，如图 2-1 所示，启动 Access。

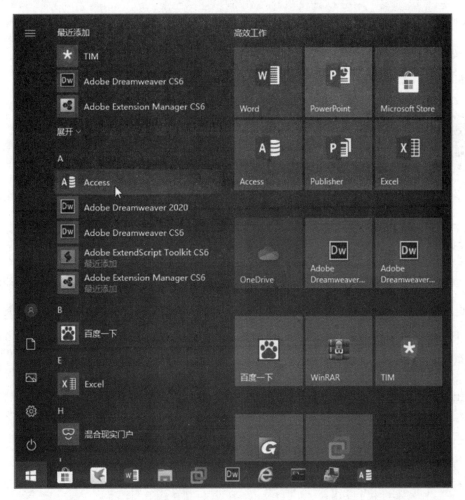

图 2-1　Access 启动

（2）在"新建"（或"初始化"）界面中，单击右方列表中的"空白数据库"图标，在弹出的图 2-2 所示的"空白数据库"对话框中，单击"浏览"按钮，选择路径"D:\My Site\database\"，数据库名为"database. accdb"，单击对话框中的"创建"按钮，即完成数据库创建。

图 2-2　"空白数据库"对话框

（3）创建数据库后，接下来创建数据库的表。双击打开数据库文件，在图 2-3 中，单击"创建"选项卡，在"表格"功能区中单击"表设计"按钮，进入"表设计"窗口。

"表设计"窗口右方为"表设计"窗格，如图 2-4 所示。

图 2-3 "创建"选项卡 　　　　　　图 2-4 "表设计"窗格

（4）在"表设计"窗格中设计表的字段，其中"字段名称"表示表中的字段名称，在编程中使用；Access 提供了 13 种数据类型，满足字段的不同需求；"说明"表明该字段的意义或用途，为了方便团队共同开发，在设计字段时最好加上说明。"Site_Info"表结构如图 2-5 所示。输入"字段名称""说明"，选择"数据类型"后，关闭表，这时会出现"另存为"对话框，表保存为"Site_Info"。

字段名称	数据类型	说明(可选)
ID	自动编号	站点编号
Site_title	短文本	站点标题
Site_Logo	短文本	站点徽标
Site_Telephone	短文本	联系电话
Site_Address	短文本	公司电话
Site_Copyright	短文本	版权信息

图 2-5 "Site_Info"表结构

提个醒

Member、UserName、Name、Title 等在程序编写中是关键字，不能用来作为字段名，否则程序运行中会出现错误。建议用站点名称后加"_"再加英文单词，如 JinXin_Title 等作为字段名称。

小知识

关系数据库：在一个给定的应用领域中，所有实体及实体之间联系的集合构成一个关系数据库。

表：是指同一类记录的集合。表是关系数据库中数据存储的主要对象，也是其基本元素。表是一个二维结构，以"行/列"方式组织数据，且行与列的顺序不影响表的内容。

记录：关系数据库中一行信息称为"记录"。

字段：在数据库中，通常表的"列"称为"字段"，每个字段包含某一专题的信息。

索引：索引是对数据库表中一列或多列的值进行排序的一种结构，它是某个表中一列或多列值的集合和相应的指向表中这些值的数据页物理标识的逻辑指针清单。索引的作用相当于图书的目录，可以根据目录中的页码快速找到所需的内容。

主键：能够唯一标识某一条记录的字段。一个表只有一个主关键字。主关键字又称为主键或主码。主键可以由一个字段或由多个字段组成，分别称为单字段和多字段主键，并且它可以唯一确定表中的一行数据，或者可以唯一确定一个实体。一般表使用 ID 作为主键。

创建一个 Access 数据库 Site_admin. accdb，保存到 D:\My Site\database\中，在数据库中创建一个表，表名为 Site_admin，具体要求见表 2-1。

表 2-1 站点管理员表结构

字段名称	数据类型	说明	主键值
ID	自动编号	管理员编号	主键
Admin_name	短文本	管理员名称	
Admin_password	短文本	管理员密码	
Admin_purview	短文本	管理权限	
Admin_working	是/否	工作状态	
Admin_lastlogintime	时间/日期	最后登录时间	
Admin_lastloginIP	短文本	最后登录 IP	

（1）在 D:\My Site\database\文件夹中的空白处右击，在弹出的快捷菜单中选择"新建"→Microsoft Access Database 命令，如图 2-6 所示，将文件命名为"Site_admin"（或在 database 文件夹窗口单击"主页"选项卡，在"新建"功能区单击"新建项目"图标，在下拉列表中选择"Microsoft Access Database"命令）。

（2）双击鼠标打开数据库文件。单击"创建"选项卡，在快捷工具栏中单击"表设计"按钮，在"表设计"窗格中，按照表 2-1 依次录入"字段名称"和"说明"，选择"数据类型"。

（3）填写完成后，保存表，会出现"另存为"对话框，如图 2-7 所示，输入表名"Site_admin"，单击"确定"按钮。

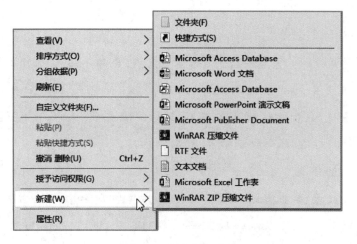

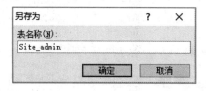

图2-6　"新建"命令　　　　　　　　　　图2-7　"另存为"对话框

完成后的表结构如图2-8所示。

字段名称	数据类型	说明(可选)
ID	自动编号	管理员编号
Admin_name	短文本	管理员名称
Admin_password	短文本	管理员密码
Admin_purview	短文本	管理权限
Admin_working	是/否	是否工作
Admin_lastlogintime	日期/时间	最后登录时间
Admin_lastloginIP	短文本	最后登录IP

图2-8　完成后的"Site_admin"表结构

提个醒

　　一般一个网站使用一个数据库，为了安全，个别网站将管理员信息保存在一个单独的数据库中。

任务2　创建网页模板

 任务描述

　　创建网页模板，可以让网站中所有网页有同样的网页标准、编码方式、风格布局，同时可以通过编辑模板一次性地更新所有网页，大大提高工作效率。

　　小李创建一个网站前台模板时，先完成网站前台模板的基本布局，然后将网站徽标、版权信息、联系方式等信息通过数据库的调用，在模板相应位置显示，如图2-9所示。网站前台是面向网站访问用户的，即访问者看到的页面和内容。

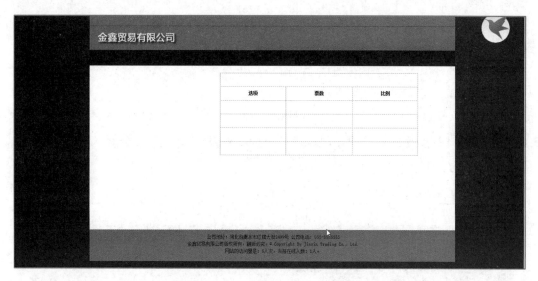

图 2-9　网站前台模板测试结果

1. 创建前台模板

（1）打开 Dreamweaver CC 2020，在"文件"面板中，右击"站点—ASP 学习站点（D:/My Site）"，在弹出的快捷菜单中选择"新建文件"命令，如图 2-10 所示，将文件命名为"moban. asp"。

（2）双击打开"moban. asp"文件，在图 2-11 所示的"属性"面板中，单击"页面属性"按钮，弹出"页面属性"对话框。

图 2-10　"新建文件"命令　　　　图 2-11　"属性"面板中的"页面属性"按钮

提个醒

不同版本的 Dreamweaver 页面属性的打开位置不同，早期版本在"修改"菜单中，后期版本在"属性"面板中。

（3）在图 2-12 所示的"页面属性"对话框中，单击"分类"列表中的"外观（CSS）"选项，设置"大小"为"12 px"。

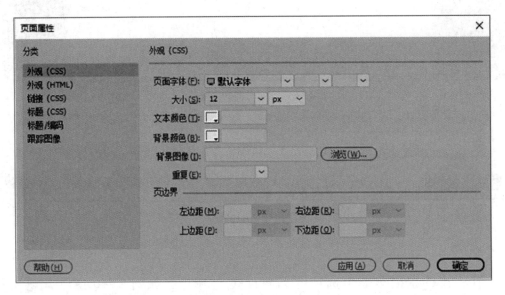

图 2-12 字体大小

（4）单击"分类"列表中的"外观（HTML）"选项，如图 2-13 所示，设置"背景"为"#333"。

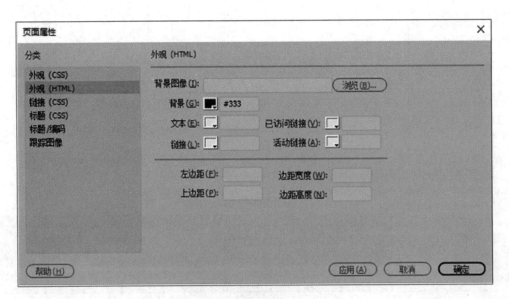

图 2-13 背景颜色设置

（5）在图 2-14 所示的"标题/编码"分类中，设置"编码"为"简体中文（GB2312）"，"文档类型"设置为"HTML5"，单击"确定"按钮。

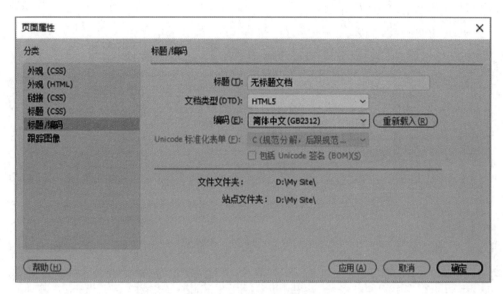

图 2-14　设置编码类型

 提个醒

网页最常用的编码方式有 GBK、GB2312、UTF-8 这 3 种，编码十分重要，特别在网页设计中。如果输入的不是乱码，而网页中显示的是乱码，很大的可能是编码出了问题。

（6）在"代码"或"拆分"视图下，将光标移到"body,td,th{"这个样式代码内部任何位置。在"CSS 设计器"面板的"属性"面板中单击"+"按钮，添加 margin（边界）属性，设置为 0 px，添加 line-height（行高）属性，设置为 18 px，如图 2-15 和图 2-16 所示。

图 2-15　边界与行高设置

```
 3 ▼ <html>
 4 ▼ <head>
 5   <meta charset="gb2312">
 6   <title>无标题文档</title>
 7 ▼ <style type="text/css">
 8 ▼ body,td,th {
 9       font-size: 12px;
10       margin: 0px;
11       line-height: 18px;
12   }
13   </style>
14   </head>
15
16   <body bgcolor="#333">
17   </body>
18   </html>
```

图 2-16　源代码

（7）新建一个 CSS 样式表文件，保存为 "D:\My Site\QT_Style.css"。修改字符类型
"@ charset "utf-8";" 为 "@ charset "gb2312";"，将定义的 CSS 代码移动到 CSS 样式表文件。样式表文件代码如图 2-17 所示。

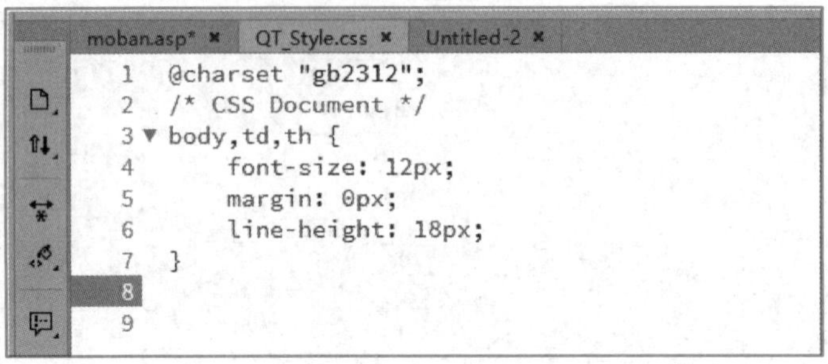

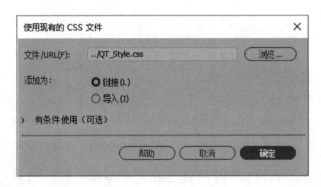

图 2-17　"QT_Style.CSS" 文件源代码

（8）单击 "CSS 设计器" 面板中的 "+" 按钮，在列表中选择 "附加现有的 CSS 文件"
选项，在弹出的图 2-18 所示的对话框中，单击 "浏览" 按钮，选择链接的外部样式表为
QT_Style.css。

图 2-18　附加外部样式表

（9）在 "插入" 栏，单击 Header 按钮，出现图 2-19 所示的 "插入 Header" 对话框，
在 ID 输入框中输入 "Header"，单击 "新建 CSS 规则" 按钮。

图 2-19　"插入 Header" 对话框

（10）在弹出的图 2-20 所示的 "新建 CSS 规则" 对话框中，选择或输入选择器名称为

"#Header"，选择定义规则的位置为 QT_Style.css，单击"确定"按钮，弹出"#Header 的 CSS 规则定义"对话框。

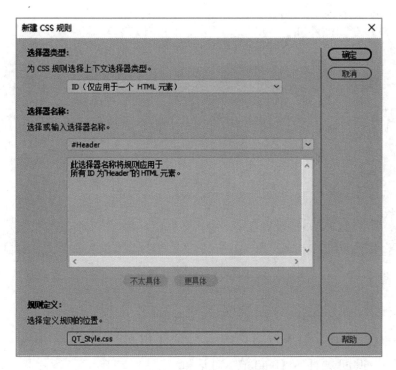

图 2-20 新建 CSS 规则

HTML5 的部分结构标签

header 标签定义文档的页眉，通常是一些引导和导航信息。它不局限于写在网页头部，也可以写在网页内容里面。

footer 标签定义文档的页脚，包含了与页面、文章或部分内容有关的信息，如文章的作者或者日期。作为页面的页脚时，一般包含了版权、相关文件和链接。它和<header>标签使用规则基本一样，可以在一个页面中多次使用，如果在一个区段的后面加入 footer，那么它就相当于该区段的页脚了。

nav 标签代表页面的一个部分，是一个可以作为页面导航的链接组，其中的导航元素可以链接到其他页面或者当前页面的其他部分，使 HTML 代码在语义化方面更加精确，同时对于屏幕阅读器等设备的支持也更好。

Main 元素表示网页中的主要内容。包含除整个网站的导航图、版权信息等整个网站的共同内容以外所有内容。每个网页只能有一个 main 元素，不能将 main 元素放置在任何 article、aside、footer、header 或 nav 元素内部。

（11）在"#Header 的 CSS 规则定义"对话框中的"背景"分类中，将背景颜色（Background-color）设置为"#999999"，如图 2-21 所示。

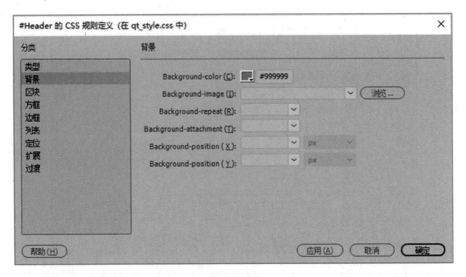

图 2-21 背景颜色设置

（12）在图 2-22 所示的"方框"分类中，输入宽度（Width）值为 960 px，高度（Height）值为 90 px，Margin 组中，取消勾选"全部相同"复选框，Right 与 Left 设为 auto，单击"确定"按钮，返回"插入 Header"对话框。

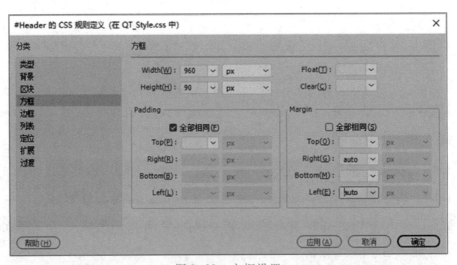

图 2-22 方框设置

（13）在图 2-19 所示的对话框中，单击"确定"按钮，完成 Header 标签的插入。

小知识

CSS 是层叠样式表（cascading style sheet）是一种用来表现 HTML（标准通用标记语言的一个应用）或 XML（标准通用标记语言的一个子集）等文件样式的计算机语言。不仅可以静态地修饰网页，还可以配合各种脚本语言动态地对网页各元素进行格式化。

参照第（9）~（13）步插入 Header 标签的操作步骤，完成插入 Navigation 标签、Main 标签、Footer 标签、DIV 标签的操作。

（14）插入 Navigation，ID 为"na"，hight 值为 40 px，width 值为 960 px，背景颜色为 #000，margin-right、margin-left 值均为 auto。

（15）插入主要内容 Main，ID 为"Main"，min-hight 值为 420 px，width 值为 960 px，背景颜色为 #FFF，margin-right 值为 auto，margin-left 值为 auto，display 属性为 block。

 提个醒

就像其他的 HTML5 新元素一样，并不是所有的浏览器都能够识别出 <main>，并且给它加上预设的样式，这里设置它的 display 属性为 block 就是让 Main 元素上升为块级元素。

（16）插入 Footer，ID 为"Footer"，hight 值为 90 px，width 值为 960 px，背景颜色为 #999，margin-right、margin-left 值均为 auto。

（17）在代码视图下，光标定位到 <main id="main"></main> 标记对内，单击"插入"栏中"DIV"按钮，ID 分别为"left""right"，各参数值参照如下代码。

```
#left{float:left;width:250px;min-height:420px;max-height:4000px;
overflow:auto;}
#right {float: right;width: 700px; min-height:420px;max-height:
4000px;overflow:auto;}
```

 小知识

max-height、min-height 属性设置对象的最大与最小高度。

overflow 为 CSS 中设置当对象的内容超过其指定高度及宽度时如何管理内容的属性，其值与管理内容属性见表 2-2。

表 2-2 overflow 属性

值	描述
visible	默认值。内容不会被修剪，会呈现在元素框之外
hidden	内容会被修剪，并且其余内容是不可见的
scroll	内容会被修剪，但是浏览时会显示滚动条以查看其余的内容
auto	如果内容被修剪，则浏览器会显示滚动条以便查看其余的内容
inherit	规定应该从父元素继承 overflow 属性的值

（18）在代码选择器中，选择 Main 标签，选择"插入"→"模板"→"可编辑区域"命令，出现如图 2-23 所示的"新建可编辑区域"对话框，在"名称"文本框中输入名称

"内容",单击"确定"按钮。

（19）选择"文件"→"保存"命令,出现如图 2-24 所示的"另存模板"对话框,在"另存为"文本框中输入"网站前台模板",单击"保存"按钮。

（20）这时站点目录下自动生成一个名为"Templates"的文件夹,文件夹内出现名为"网站前台模板.dwt.asp"的文件,完成后的设计视图如图 2-25 所示。

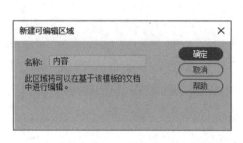

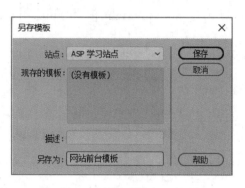

图 2-23　"新建可编辑区域"对话框　　　图 2-24　"另存模板"对话框

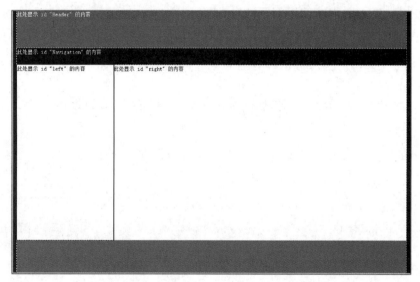

图 2-25　完成后的设计视图

 小知识

　　DIV 是层叠样式表中的定位技术,全称 DIVision,即为划分。有时可以称其为图层。DIV 元素是用来为 HTML 文档内大块的内容提供结构和背景的元素。

　　<div>标签定义 HTML 文档中的分隔（division）或部分（section）。div 属于 Web 前端的学习内容,其中<div>标签常用于组合块级元素,以便通过样式表来对这些元素进行格式化。<div>可定义文档中的分区或节（division/section）。<div>标签可以把文档分割为不同的部分。它可以用作严格的组织工具,并且不使用任何格式与其关联。如果用 id 或 class 来标记<div>,那么该标签的作用会变得更加有效。

2. 连接站点数据库

（1）关闭 Dreamweaver CC 2020，打开 Dreamweaver CS6，按项目 1 任务 3 的步骤建立一个 ASP 学习站点的 Dreamweaver 站点。

提个醒

Dreamweaver CC 2020 默认没有数据面板组及命令，安装 Dreamweaver 插件才能进行 ASP 程序的开发，以后操作均在 Dreamweaver CS6 中完成，省略了安装插件的过程。

图 2-26　"数据库"面板

（2）如果满足文件已在站点中、站点测试服务器配置正确、文档类型正确（后缀为 .asp）这三个条件，在图 2-26 所示的"数据库"面板上单击 ➕ 按钮，在出现的下拉列表中选择"自定义连接字符串"选项。

（3）在出现的图 2-27 所示的"自定义连接字符串"对话框中的"连接名称"文本框中输入"conn"，"连接字符串"文本框中输入"Provider=Microsoft. ACE. oledb. 12. 0；Data Source=D:\My Site\database\database. accdb"，在"Dreamweaver 应连接"组中选择"使用此计算机上的驱动程序"单选按钮。单击"测试"按钮，出现图 2-28 所示的"成功创建连接脚本"提示框后，单击"确定"按钮，回到"自定义连接字符串"对话框，单击"确定"按钮。这时自动建立了一个名为"Connections"的文件夹，在其下生成一个名为"conn. asp"的文件。

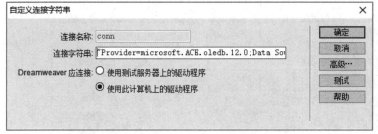

图 2-27　"自定义连接字符串"对话框

图 2-28　"成功创建连接脚本"提示框

小知识

对于不同的 Access 版本，有两种接口可供选择。Microsoft. Jet. OLEDB. 4. 0（以下简称 Jet 引擎）可以访问 Office 97 ~ Office 2003，但不能访问 Office 2007 ~ Office 2019。Microsoft. ACE. OLEDB. 12. 0（以下简称 ACE 引擎）是随 Office 2007 ~ Office 2019 一起发布的数据库连接组件，既可以访问 Office 2007 ~ Office 2019，也可以访问 Office 97 ~ Office 2003。Microsoft. ACE. OLEDB. 12. 0 可以访问已经打开的 Access 文件，而 Microsoft. Jet. OLEDB. 4. 0 是不可以的。在使用不同版本的 Office 时，要注意使用合适的引擎。

不论是服务器还是工作站，都必须安装相应的数据源驱动程序，否则会出现"ADODB. Command 错误 '800a0e7a '"的错误，如图 2-29 所示。

AccessDatabaseEngine 是一款微软数据库引擎可再发行程序包，主要用于 Access 数据库调用引擎，对于编程方面的工作非常重要。

图 2-29　未安装 Access 时的错误提示

3. 绑定记录集

（1）打开"D:\My Site\database. accdb"文件，打开"Site_Info"表后在表中录入一条记录。Site_Title 为"金鑫贸易有限公司"；Site_Logo 为"\images\logo. gif"；Site_Telephone 为"055-5555555"；Site_Address 为"河北省衡水市红旗大街 2499 号"；Site_Copyright 为"金鑫贸易有限公司版权所有，翻版必究。&copy Copyright By Jinxin Trading Co. , Ltd. "。

（2）单击"绑定"面板上的➕按钮，选择"记录集（查询）"选项，如图 2-30 所示，弹出"记录集"对话框。

（3）在图 2-31 所示的"记录集"对话框中，在"名称"文本框中输入"rs_site_info"，"连接"下拉列表框中选择 conn 选项，"表格"下拉列表框中选择 Site_Info 选项，单击"确定"按钮。出现图 2-32 所示的提示框，单击"确定"按钮。

图 2-30　"绑定"面板

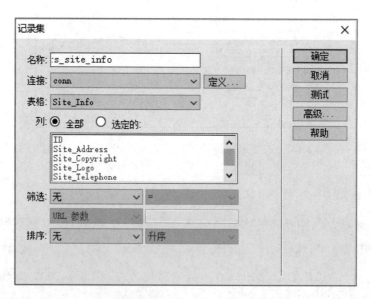

图 2-31　"记录集"对话框

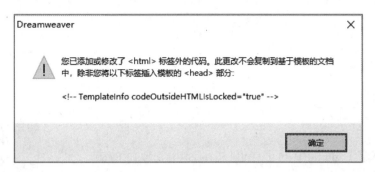

图 2-32　绑定记录集后的提示框

📖 **小知识**

　　记录集本身是从指定数据库中检索到的数据的集合。它可以是包括完整的数据库表，也可以是包括表的行和列的子集。这些行和列通过在记录集中定义的数据库查询进行检索。

　　记录集在存储内容的数据库和生成页面的应用程序服务器之间起桥梁作用。记录集由数据库查询的返回数据组成，并且临时存储在应用程序服务器的内存中，以便快速检索数据。当服务器不再需要记录集时，就会在内存中将其清除。

　　绑定记录集后在文件声明代码 "<%@ LANGUAGE="VBSCRIPT" CODEPAGE="936"%>" 下面自动生成打开记录集的代码。

```
<! --#include file="../Connections/conn.asp" -->
<%
Dim rs_site_info
Dim rs_site_info_cmd
Dim rs_site_info_numRows
Set rs_site_info_cmd = Server.CreateObject ("ADODB.Command")
rs_site_info_cmd.ActiveConnection = MM_conn_STRING
rs_site_info_cmd.CommandText = "SELECT * FROM Site_Info"
rs_site_info_cmd.Prepared = true
Set rs_site_info = rs_site_info_cmd.Execute
rs_site_info_numRows = 0
%>
```

　　在</html>后自动加入了关闭记录集的代码。

```
<%
```

```
rs_site_info.Close()
Set rs_site_info = Nothing
% >
```

4. 显示数据

图 2-33 展开的记录集

（1）单击"绑定"面板中的记录集（rs_site_info）前方"+"按钮，展开"rs_site_info"记录集，显示记录集的字段，出现如图 2-33 所示的界面。

（2）将 Site_title 字段拖动到"<title></title>"代码中替代原来的"无标题文档"。代码为"<title><%=（rs_site_info. Fields. Item（"Site_Title"）. Value)%></title>"。

（3）在 header 标签内插入代码"<img name="logo" src="" width="120" height="80" alt="" />"，将记录集中的 Site_Logo 字段拖动到"src="""的一对双引号中间。形成代码为"<imgname="logo" src="<%=（rs_site_info. Fields. Item（"Site_Logo"）. Value)%>" width="120" height="80" alt="" />"。

（4）在<footer id="footer">标签内输入文本"公司地址：联系电话："，将记录集中相应字段拖动到相应位置，生成代码为"公司地址：<%=（rs_site_info. Fields. Item（"Site_address"）. Value)%> 联系电话：<%=（rs_site_info. Fields. Item（"Site_address"）. Value)%>
<%=（rs_site_info. Fields. Item（"Site_Copyright"）. Value)%>"。

（5）按 F12 键，测试网页，结果如图 2-9 所示，前台模板制作完成。

> **小知识**
>
> 网页要呈现的内容很多，概括起来可分为标题信息、栏目信息、内容信息、附加信息等，各部分内容需要合理放置，才能看起来井井有条，主次分明。一个网页的版面通常以屏幕上方和中央最能引人注意，用来放置重要信息；左右两侧通常放置不太重要的信息或固定信息；附加信息（如版权信息等）一般放在最下方。

网站后台主要用于管理员对网站前台的信息管理，网站后台模板制作步骤如下。

（1）打开前台模板，选择"文件"→"另存为"命令，将文件另存为"网页后台模板. dwt. asp"，如图 2-34 所示。

图 2-34 "另存为"对话框

（2）将"QT_style.css"另存为"HT_style.css"。然后修改网站后台模板的样式表链接，单击"CSS 样式"面板的■按钮，弹出如图 2-35 所示的"链接外部样式表"对话框。在对话框中，选择将"HT_style.css"链接到后台模板页面。

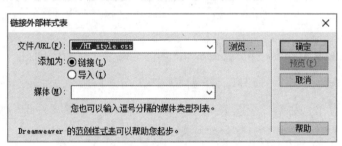

图 2-35 "链接外部样式表"对话框

（3）前后台布局大体相同，页眉页脚略小，用来操作的区间略大。修改页眉（top）和页脚（bottom）的 hight 属性为"60px"。选择"文件"→"保存全部"命令，后台模板制作完成。

任务 3 制作站点导航

 任务描述

导航栏是指位于页面顶部或者侧边区域，徽标图片上方或下方的一组水平导航文字或按

钮，它起着链接站点内的各个页面的作用。

小李创建网站的前台模板基本布局后，在网页模板上，通过记录集记录的调用及重复区域创建导航栏，如图 2-36 所示。

图 2-36 加入导航条的网页模板测试结果

1. 创建导航表

打开"D:\My Site\database\database.accdb"文件，在"创建"选项卡中单击"表设计"按钮，出现"表设计"窗口，在窗口中，分别在"字段名称""数据类型"和"说明"栏填写对应的内容，见表 2-3，表结构如图 2-37 所示，将表保存为"Site_NAV"。

表 2-3 导 航 表

字段名称	数据类型	说明	主键值
NAV_ID	自动编号	导航编号	主键
NAV_TEXT	短文本	导航文本	
NAV_URL	短文本	导航链接	
NAV_title	短文本	导航提示	
NAV_target	短文本	导航目标	
NAV_NO	是/否	是否显示	
NAV_order	数字	链接排序	
NAV_position	数字	显示位置	

2. 录入表数据

将表切换到"数据表"视图，录入 4 条记录，见表 2-4。

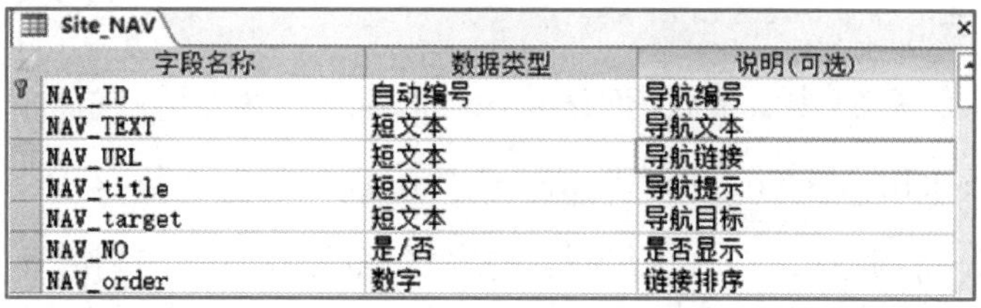

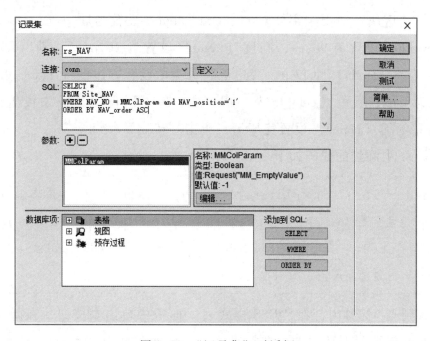

图 2-37 表设计器

表 2-4 录 入 内 容

NAV_TEXT	网站首页	公司简介	公司产品	雁过留声
NAV_URL	index. asp	about. asp？id＝1	product. asp	Message. asp
NAV_title	金鑫贸易有限公司	公司简介	公司产品	留言反馈
NAV_target	_blank	_blank	_blank	_blank
NAV_NO	Yes	Yes	Yes	Yes
NAV_order	1	2	3	4
NAV_position	1	1	1	1

3. 绑定记录集

打开网站前台模板，在网页中绑定 "rs_NAV" 记录集。在图 2-38 所示的 "记录集" 对话框中，输入名称为 "rs_NAV"，设置 "连接" 为 "conn"，选择 "Site_NAV" 表格，选择 "全部" 列，在 "筛选" 组中筛选字段为 "NAV_NO"，运算符为 "＝"，数据来源为 "输入的值"，值输入 "-1"，"排序" 组中排序字段为 "NAV_order"，排序类型为 "升序"。单击 "高级" 按钮，切换到 "复杂" 视图，SQL 中的查询条件修改为 "WHERE NAV_NO ＝ MMColParam and NAV_position＝' 1 '"。

图 2-38 "记录集" 对话框

4. 建立导航栏样式

（1）在导航（nav）标签中，插入列表<li>标签，列表标签内插入超链接标签<a>，代码为"<navid="nav"><li><a target="" title="" href="" ></a></li></nav>"。

（2）光标移到<li>标签内，在"CSS 样式表"面板中单击 按钮，在弹出的如图 2-39 所示的"新建 CSS 规则"对话框中，选择或输入选择器名称为"#nav li"，选择定义规则的位置为"QT_style.css"，单击"确定"按钮。

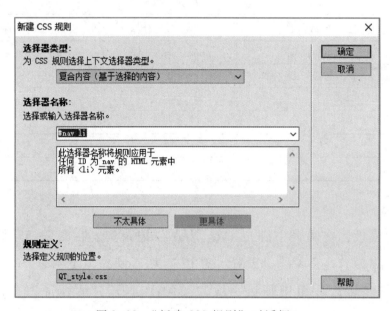

图 2-39 "新建 CSS 规则"对话框 1

（3）在弹出的"#nav li 的 CSS 规则定义（在 QT_style.css）"对话框中，"类型"分类中字体大小（font-size）设置为 15 px，行高（line-height）设置为 40 px，字体颜色（color）设置为"#FFF"。"区块"分类中字体对齐（text-align）设置为居中（center）。在"方框"分类中宽度（width）设置为 90 px，高度（hight）设置为 16 px，浮动（float）设置为左（left）；上边界（top-margin）为 12 px。"边框"分类中设置右边框（right）为实线（solid），宽度（width）为 1 px，颜色（color）为"#FFF"。在"列表"分类中设置列表风格类型（list-style-type）为无（none）。设置完毕后，单击"确定"按钮。

在 Qt_style.css 中添加的代码如下。

```
#nav li {font-size:15px;line-height:40px;color:#FFF;text-align:
center;float:left;height:16px;width:90px;border-right-width:1px;
border-right-style:solid;border-right-color:#FFF;list-style-type:
none;margin-top:12px;}
```

（4）光标移到<a>标签内，在"CSS 样式表"面板中单击 按钮，在弹出的如图 2-40 所示的"新建 CSS 规则"对话框中，选择或输入选择器名称为"#nav li a"，选择定义规则的位置为"QT_style.css"，单击"确定"按钮。在"#nav li a 的 CSS 规则定义（在 QT_style.css）"对话框中，"类型"分类的字体颜色（Color）设置为"#FFF"，在"字体风格"（Text-decoration）组中选择 None 单选按钮。

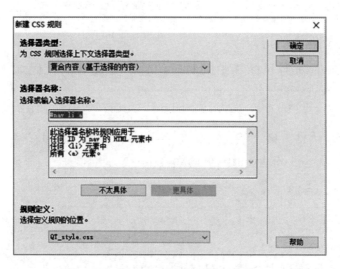

图 2-40　"新建 CSS 规则"对话框 2

（5）再次单击 <img> 按钮，设置<a>标签鼠标经过的样式。在图 2-41 所示的对话框中，选择或输入选择器名称为"#nav li a：hover"，选择定义规则的位置"QT_style.css"，单击"确定"按钮。在弹出的"#nav li a：hover 的 CSS 规则定义（在 QT_style.css）"对话框中，"类型"分类的字体颜色（Color）设置为"#FF3"，然后单击"确定"按钮。在 CSS 样式中添加的代码如下。

```
#nav li a {color: #FFF; text-decoration: none;}
#nav li a:hover {color: #FF3;}
```

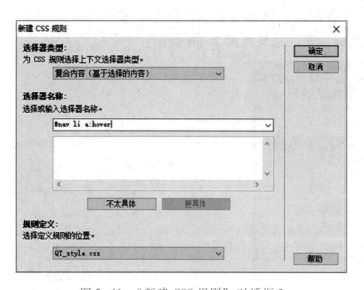

图 2-41　"新建 CSS 规则"对话框 3

提个醒

在容器中的下级标签的样式，用"容器、下级容器、再下级容器"的方式来表示，如果有多级样式，则以最后一级为准，不定义则继承上一级样式。

5. 网页中调用记录集中的记录

将记录集中的记录拖动到 li 标签中的对应位置。完成后的代码如下。

```
<li><a target="<% =(rs_NAV.Fields.Item("NAV_target").Value)% >"
title="<% =(rs_NAV.Fields.Item("NAV_title").Value)% >" href="<% =
(rs_NAV.Fields.Item("NAV_URL").Value)% >" ><% =(rs_NAV.Fields.Item
("NAV_TEXT").Value)% ></a></li>
```

提个醒

<a>标签的 href 属性用于指定超链接目标的 URL。

<a>标签的 target 属性规定在何处打开链接文档。_blank 在新窗口中打开被链接文档。_self 为默认选项，在相同的框架中打开被链接文档。_parent 在父框架集中打开被链接文档。_top 在整个窗口中打开被链接文档。

<a>标签的 title 属性规定在鼠标移到该对象上时显示一段提示文本。

6. 重复区域

（1）在标签栏中，选中<li>标签，在"服务器行为"面板上单击➕按钮，在下拉列表中，选择"重复区域"选项，如图 2-42 所示。

（2）在弹出的如图 2-43 所示的"重复区域"对话框中，选择记录集为"rs_NAV"，在"显示"组中选择"所有记录"单选按钮，单击"确定"按钮。

（3）按 F12 键测试，测试结果如图 2-36 所示。

图 2-42 "服务器行为"面板

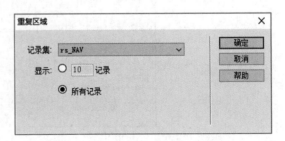

图 2-43 "重复区域"对话框

 **小知识**

1. 重复区域服务器行为实际上是为一段 html 代码加入循环代码。

本例代码如下。

```
<% While ((Repeat1__numRows <> 0) AND (NOT rs_NAV.EOF)) %>
<li><a target = "<% =(rs_NAV.Fields.Item("NAV_target").Value)% >"
title = "<% =(rs_NAV.Fields.Item("NAV_title").Value)% >" href =
"<% =(rs_NAV.Fields.Item("NAV_URL").Value)% >"><% =(rs_
NAV.Fields.Item("NAV_TEXT").Value)% ></a></li>'循环的 html 代码
<% Repeat1__index = Repeat1__index+1
Repeat1__numRows = Repeat1__numRows-1
rs_NAV.MoveNext()
Wend% >
```

2. 循环语句

（1）Do…Loop：当（或知道）条件为"真"时循环。

结构如下：

Do

语句

Loop 条件

（2）While…Wend：当条件为"真"时循环。

结构如下：

While 条件

语句

Wend

（3）For…Next：指定循环次数，使用计数器重复运行语句。

结构如下：

For 循环变量＝初始值 To 终值 Step 步长

语句

Next

（4）For Each…Next：对于集合中的每项数据中的每个元素，重复执行一组语句。

结构如下：

For Each 元素 In 集合

语句

Next

制作完前台导航条后，小李决定制作后台导航条，制作方法与前台基本相同，唯一区别就是记录集（查询）中的显示位置（NAV_position）值为2，结果如图2-44所示。

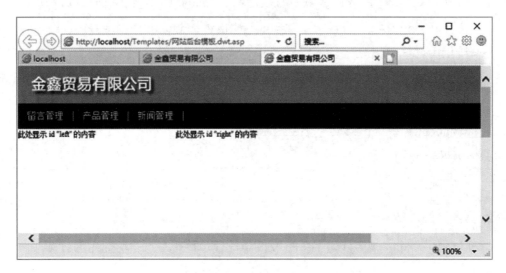

图2-44　测试结果

（1）打开"网站后台模板.dwt.asp"，重复前台导航条制作中的第2～6步操作，第3步中记录集绑定稍有不同，如图2-45所示。

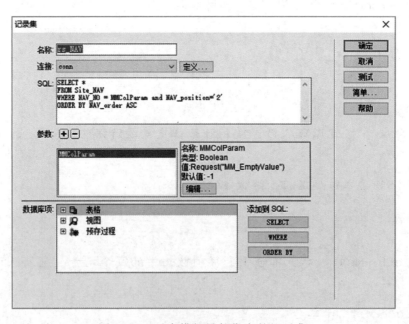

图2-45　后台模板导航绑定的记录集

（2）按F12键，测试结果如图2-44所示。

 **知识拓展**

1. HTML 文档的基本结构

通常由三对标记构成一个 HTML（标准通用标记语言）文档的骨架，结构如下：

<html>

<head>

头部信息

</head>

<body>

文档主体，正文部分

</body>

</html>

HTML 文档必须包含<html>和与它对应的结束标记</html>。除此之外，一个完整的 HTML 文档可以分成 head（头部）和 body（正文）两部分。<head>和</head>构成了一个标记对，两者之间包括文档的头部信息，如标题标记<title>..</title>，中间所包括的内容会显示在 Web 浏览器的标题栏上。body 元素也是 HTML 元素的一部分，它用来表示文件的内容。其中可以包含众多的元素，这些元素所定义的文本、图像等信息将会在浏览器的内容框中显示出来。

2. DIV+CSS 设计标准

DIV+CSS 是 Web 设计标准，它是一种网页的布局方法。与传统的通过表格布局定位的方式不同，它可以实现网页页面内容与表现相分离。

它主要有如下特点。

（1）精简的代码。使用 DIV+CSS 布局，页面代码得以精简。

（2）提升网页访问速度。DIV+CSS 布局较传统的 Table 布局比较，减少了许多代码，其浏览访问速度自然得以提升，从而提升了网站的用户体验度。

（3）有利于优化。采用 DIV+CSS 布局的网站对于搜索引擎友好，简洁、结构化的代码有利于突出重点，适合搜索引擎抓取。

3. HTML5

HTML5 是互联网的新一代标准，是构建及呈现互联网内容的一种语言方式，被认为是互联网的核心技术之一。

项目 3

设计网站计数器程序

了解网页和网站的浏览次数对网站管理员管理网站很有帮助。通过访问统计可以进行大数据分析，掌握网站推广的效果，减少盲目性；帮助了解网站的访问情况，提前应对系统负荷问题。通过监测到的访问客户端的信息来优化网站设计和功能。

本项目通过设计网站计数器，掌握 Application 对象及 Lock 方法和 UnLock 方法，了解 Application 对象与 Session 对象之间的关联，掌握 global. asa 文件的应用，了解服务器端包含文件的基础知识。

任务 1　设计网页计数器

 任务描述

小李决定在公司网页中构建网页计数器。设计的网页计数器需要实现任何用户访问页面或者刷新页面时，都会修改计数器显示的数值。

 自己动手

1. 简单的网页计数器

设计一个简单的网页计数器，记录当前在线人数，如图 3-1 所示。

您是本网页第4位来宾！

图 3-1　简单的网页计数器

（1）打开 Dreamweaver，在网站根目录下创建 includes 文件夹，文件夹下新建一个名为 jsq-1. asp 的文件，打开文件，在"修改"菜单中选择"页面属性"命令，在弹出的如图 3-2 所示的"页面属性"对话框中，左方"分类"框中选择"标题/编码"选项，从右方"编码"下拉列表中选择"简体中文（GB2312）"选项。在代码视图中，删除自动生成的代码。

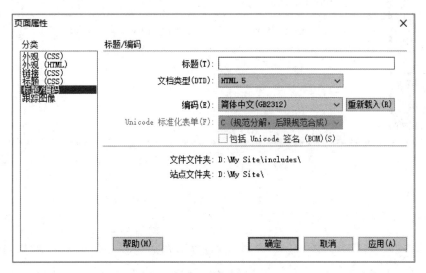

图 3-2 "页面属性"对话框

 提个醒

由于模板的编码是简体中文（GB2312），计数器程序等将通过"服务器端包括"的方式显示在模板的页脚部分，计数器程序的中文编码方式要与模板相同，否则会产生乱码。

（2）单击"插入"栏中的 ASP 快捷工具中的"代码块"按钮，在内部代码中会出现"<％％>"。再次单击快捷工具栏中的"输出"按钮，代码中会出现"<％=％>"。

 提个醒

"服务器端包括"实际上是将一段代码插入到另外一个文件中，而一个文件中不允许重复某些 HTML 代码对，如<body></body>等，所以要删除新建文档时自动产生的代码。

"服务器端包括"用于一次编写多次调用的代码。

例如，只要有数据库操作，网页中就会自动生成数据库调用的代码。

<! --# include file="../Connections/conn. asp" -->

（3）单击"代码块"按钮，在<％后输入代码"Application（"counter"）= Application（"counter"）+1"；输入文本"您是本网页第位来宾！"。将光标定位在"第"字后，单击"代码块"按钮，在<％=后输入代码"Application（"counter"）"，结果如图 3-3 所示。

（4）按 Ctrl+S 键保存文件，按 F12 键预览，刷新页面数次，预览结果如图 3-1 所示。

图 3-3　jsq-1.asp 中的代码

Application 对象的作用是保存一个网站的所有用户共同享有的数据信息。当网站服务器开始执行时，就创建了 Application 对象，网站的所有用户可以共享该 Application 对象。

Application 对象用于存储和访问来自任何页面的变量，类似于 Session 对象。不同之处在于，Session 对象和用户之间是一一对应的，而所有的用户分享一个 Application 对象。

在 ASP 页面中使用的变量，其有效范围都仅仅局限于声明变量的这个页面，但在浏览网站时，由于整个网站由多个 ASP 页面构成，某些数据是每个页面都需要的，为了解决这个问题，ASP 提供了 Application 对象，可以用这个对象来记录数据，以达到跨页面存取数据的目的。

用 Application 对象可以存储字符串、数值等数据，也可以存储数组、组件对象实例等。

语法格式：Application（"名称"）＝值。其中，"名称" 用来指定存储在 Application 对象中的数据的项目名。

如果同时访问一个 ASP 页面的用户很多，可能会出现多个用户同时修改一个 Application 变量的情况，造成数据访问的冲突，这时可以用 Application 对象的两个方法，即 Lock 方法和 UnLock 方法来解决。

Lock 方法的作用是，锁定 Application 对象，以确定在同一时刻仅有一位用户可以修改 Application 对象记录的变量值。

UnLock 方法的作用是，解除对 Application 对象的锁定，从而使其他用户能够修改 Application 对象记录的变量值。

2. 改进的网页计数器

如果同一时刻有多人同时读取 Application 对象实例，此时数据冲突的情况就会发生，为了避免这种情况，使用 Application 对象的两个方法 Lock 和 UnLock，就可以保证同一时间内只允许一位用户写 Application 对象。图 3-4 所示是改进的网页计数器，此网页计数器以图片的方式显示计数结果。

图 3-4 图形计数器

（1）在站点根目录下新建一个名为 jsq-2.asp 的文件，修改编码类型为"简体中文（GB2312）"，删除全部自动产生的代码。

（2）在文档中输入以下代码。

```
<% Application.lock
Application ("counter") = Application ("counter") +1
Application.unlock
Function Gcounter (counter)
Dim S, I, G
S = CStr(counter) '先将数值转换成字符串
'逐个取字符串 S 的每个字节,然后组成<IMG SRC = ? . .GIF>图形标记
For I = 1 to len(S)
G = G&"<IMG SRC = /images/"&Mid(S, I, 1) &".gif>"
Next
Gcounter = G
End Function %>
您是本网页第<% = Gcounter(Application("counter"))%>位来宾!
```

 提个醒

改进的计数器不仅避免了同一时刻读取数据的冲突，而且使计数器的功能更加完善。

在自定义函数 Gcounter（）中，首先将参数 counter 的数值转换成字符串，再利用循环语句和 Mid（）函数从左至右依次取出字符串中的每位数值，这样数值组成图像序列。当调用函数 Gcounter（）时，就会输出图片版的计数器了。

在实现图片计数器之前应该准备表示 0～9 的数字图形文件，如文件名为 0.gif、1.gif、2.gif、…、9.gif 的文件。

（3）按 Ctrl+S 键保存文件，按 F12 键预览，刷新页面数次，预览结果如图 3-4 所示。

 小知识

　　<img>标签用在 HTML 文件中显示图片。<img>标签并不会在网页中插入图像，而是从网页上链接图像。<img>标签创建的是被引用图像的占位空间。

　　<img>基本语法为<img src="被引用图像的地址" alt="图像的替代文本">，<img>标签的 src 属性是必需的。它的值是图像文件的 URL，也就是引用该图像的文件的绝对路径或相对路径。

　　本例中"<IMG SRC =/images/"&Mid（S，I，1）&".gif>"应用的是从站点根目录的绝对引用方式。

举一反三

　　使用 Application 对象及其两个方法 Lock 和 UnLock，设计一个 ASP 页面，实现对网站在线人数的统计。在桌面上同时打开多个 IE 窗口，模拟多个用户访问该页面，如图 3-5 所示。

图 3-5　jsq-3.asp 访问结果

　　代码提示如下。

```
<%
Application.Lock '锁定 Application 对象
Application("Num")=Application("Num")+1 '在线人数加 1
Application.UnLock '解除锁定
%>
欢迎您,您是第<% =Application("Num")%>位访问者!
```

任务 2　设计网站计数器

任务描述

　　网页计数器能够统计每一个页面的访问次数。实际上，一个网站大部分时候只需要统计来访的人数，即用户访问了该网站的任何一个页面后，无论再访问多少其他页面，都只算是访问了一次网站。

　　ASP 中提供了一个 global. asa 文件，通过该文件可以实现网站计数器的设计。

自己动手

　　1. 创建 global. asa 文件

　　（1）在 Dreamweaver 中通过"新建"菜单建立一个 HTML 或其他任意一种类型的文档，编码修改为简体中文（GB2312），删除所有代码后，输入如下代码。

```
<Script language = "VBScript" runat = "Server">
Sub Application_OnStart '初始值为 0
    Application.Lock
    Application ("all") = 0
    Application ("Online") = 0
    Application.UnLock
End Sub
Sub Session_OnStart '一个用户访问进行计数加 1
    Session.timeout = 1 '设置超时时限为 1 分钟
    Application.Lock
    Application ("all") = Application ("all") +1
    Application ("Online") = Application ("Online") +1
    Application.UnLock
End Sub
Sub Session_OnEnd '一个用户进程的结束,计数减 1
    Application.Lock
```

```
    Application ("Online") = Application ("Online")-1
    Application.UnLock
  End Sub
</Script>
```

（2）单击"保存"按钮，在弹出的如图3-6所示的"另存为"对话框中，将文件保存到站点根目录下（D:\My Site），文件类型为"所有文件（*.*）"，文件名为"global.asa"，单击"保存"按钮。

图3-6 "另存为"对话框

 提个醒

global.asa 是 ASP 的一个全局应用文件，主要是定义 Session 对象和 Application 对象以及相应的事件。global.asa 文件必须保存在站点根目录下，该文件在一个网站中只能有一个。

Session 对象的 TimeOut 属性可以用来设置 Session 对象的超时时限，以分钟为单位。如果用户在该时限内不刷新或请求网页，则 Session 对象将自动终止。

小知识

程序编写者可以在 global.asa 文件中指定事件脚本，并声明具有会话和应用程序作用域的对象。该文件的内容不是用来给用户显示的，而是用来存储事件信息和供应用程序全局使用的。该文件名称必须为 global.asa，且必须存放在应用程序的根目录中。每个应用程序只能有一个 global. asa 文件。global. asa 文件只能包含如下内容：<Object>声明、应用程序事件和会话事件。

在 global. asa 文件中，如果包含的脚本没有用<Script>标记封装，或定义的对象没有会话或应用程序作用域，则服务器将返回错误。可以用任何支持脚本的语言编写 global. asa 文件中包含的脚本。如果多个事件使用同一种脚本语言，就可以将它们组织在一组<Script>标记中。

global. asa 文件主要基于会话级的事件被访问，在以下三种情况下被调用。

（1）当 Application_OnStart 或 Application_OnEnd 事件被触发。

（2）当 Session_OnStart 或 Session_OnEnd 事件被触发。

（3）当引用一个在 global. asa 文件里被实例化的对象（Object）。

global. asa 文件语法如下。

```
<Script language = "VBScript" runat = "Server">
Sub Session_OnStart
'当客户首次运行 ASP 应用程序中任何一个页面时运行
End Sub
Sub Session_OnEnd
'当一个客户的会话超时或退出应用程序时运行
End Sub
Sub Application_OnStart
'当任何客户首次访问该应用程序的首页时运行
End Sub
Sub Application_OnEnd
'当该站点的 Web 服务器关闭时运行
End Sub
</Script>
```

2. 在线人数统计

用 global. asa 内的 Application 和 Session 对象事件实现在线人数统计。

（1）新建一个名为 jsq-4. asp 的文件。编码修改为简体中文（GB2312），删除所有代码后，输入如下代码。

```
网站的访问量是:<% =Application("All")% >人次,当前在线人数:<% =Application("Online")% >人。
```

（2）按 Ctrl+S 键保存文件，按 F12 键预览，可以看到网站显示当前在线人数为 1 人，刷新页面时访问量也不改变，如图 3-7（a）所示。等待 1 分钟后刷新页面，可看到访问量增加 1 人次，但当前在线人数不变，如图 3-7（b）所示。在桌面上同时打开两个 IE 窗口，模拟第 2 个用户访问该页面，出现如图 3-7（c）所示的界面，可看到访问量增加 1 人次，当前在线人数也增加 1 人。

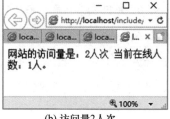
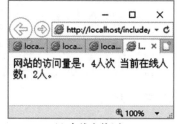

(a) 访问量1人次　　　　　　(b) 访问量2人次　　　　　　(c) 在线人数2人

图 3-7　测试结果

 小知识

　　Session 对象与 Application 对象类似，都用于保存信息。其区别是，Application 对象内保存的数据供全体用户使用，而 Session 对象只限于某个体使用。如在电子商务网站中常利用 Session 对象实现"购物车"功能。用户可以在不同页面选择不同的商品，所有的商品货号、价格等信息都可以保留在 Session 对象中，直到用户击"收银台"交款或者取消购物，Session 对象中的数据才被清除或者设置为超时状态。而另一个用户进来时，系统又会重新分配一辆"购物车"，重新保存在一个 Session 对象中。

　　因此，当一个用户开始访问某网页时，服务器就会为此用户分配一个 SessionID，用于存储特定的用户信息，用户在应用程序的页面之间切换时，存储在 Session 对象中的变量不会清除。实际上就是服务器与客户之间的"会话"。

　　当然，在使用 Session 对象时，用户浏览器应支持 cookie，且未关闭 cookie。因为 Session 数据存储在服务器端，cookie 数据存储在客户端。每次该用户访问一个 ASP 文件时，ASP 就查找该 cookie，如果发现该 cookie，则将其发送到服务器端。然后通过 SessionID 变量使客户与保存在服务器内存中的当前 Session 建立连接。

 举一反三

　　计数器测试成功后，小李想要将计数器显示在网页模板的页角中，让前台所有页面都显示。这样小李想到可以通过"服务器端包括"来实现，依次尝试三种计数器，最后选定一种理想的计数器类型，如图 3-8 所示。

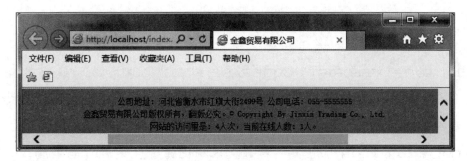

图 3-8　选定的计数器文件

（1）打开前台模板，光标移到页脚中版权信息下方，选择"插入"→"服务器端包括"命令，如图 3-9 所示。

（2）这时弹出"选择文件"对话框，如图 3-10 所示，依次将 jsq-1.asp、jsq-2.asp、jsq-3.asp、jsq-4.asp 文件插入到网页页脚版权信息下方，单击"确定"按钮，并依次测试。

图 3-9　"服务器端包括"命令

图 3-10　"选择文件"对话框

（3）小李最终选定 jsp-4.asp 为最理想的计数器，在网页模板中计数器显示在页脚中，如图 3-8 所示。

 **知识拓展**

目前可以在 ASP 中使用的脚本语言有 VBScript 和 JavaScript。

ASP 文件的结构由以下三部分构成。

（1）文件声明。文件的第一句用来声明文件脚本语言类型及编码方式，如果是 "<%@ LANGUAGE ="VBSCRIPT" CODEPAGE ="936"%>"，表示编码类型是简体中文（GB2312），如果是 "<%@ LANGUAGE ="VBSCRIPT" CODEPAGE ="65001"%>"，表示编码类型是 UTF-8。

（2）HTML 标记语言。HTML 是一种超文本标记语言，是网页的本质，它指示了浏览器运行的动作，如格式化文本及显示图像等。每个标记由尖括号 "<>" 包含起来，且大部分成对出现。

（3）服务器端 ASP 脚本程序。ASP 语句是运行在服务器上的一些指令，必须嵌入到 HTML 标记中使用，如控制页面的显示内容、判断用户口令等。每段 ASP 代码都包含在成对 "<%" 和 "%>" 之间。

ASP 提供了 6 个常用的内置对象，包括 Application、Request、Response、Server、Session、ObjectContext。这些对象可以扩展 ASP 的功能，它们用于收集浏览器发送的信息，响应浏览器的请求，存储用户的信息等。

● Application 对象：Application 对象用来存储当前应用程序所有使用者共用的数据。

● Request 对象：Request 对象可以用来读取客户端浏览器的数据。

● Response 对象：Response 对象用来将信息传输到客户端浏览器。

● Server 对象：Server 对象用来提供某些 Web 服务器端的属性与方法。

● Session 对象：Session 对象用来存储当前应用程序单个使用者专用的数据。

● ObjectContext 对象：ObjectContext 对象用来提交或中止由 ASP 脚本启动的事务。

ASP 的对象具有方法、属性和集合，并且可以响应有关的事件。其中方法决定了可以用这个对象做什么事情。对象的属性可以读出，以了解对象状态或者设置对象状态。对象的集合是由很多不同的和对象有关系的键和值的配对组成的。例如，Response.Write 方法的主要功能是从 IIS 向客户端浏览器输出数据。

创建在线投票系统

客户调查是企业实施市场策略的重要手段之一。在线投票系统可以提供投票调查功能，使企业了解用户对网站、产品或某一事物的态度。

通过本项目学习，掌握表单的设计过程，了解常见表单域的使用方法，表单检查，数据库表中插入记录，了解 SQL 的相关知识及记录集数据统计的方法。

任务 1 制作网站满意度调查

任务描述

制作网站满意度调查，当访问者进行投票时，通过"插入记录"的服务器行为可以把选项插入到数据表中，然后进行票数统计，计算票数占比，统计结果以图形的方式显示在页面中。投票页如图 4-1 所示，投票结果页如图 4-2 所示。

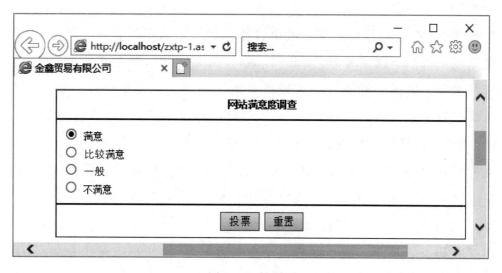

图 4-1 投票页

图 4-2 投票结果页

自己动手

1. 设计数据表

打开 database. accdb，单击"创建"选项卡的"表设计"按钮。在"表设计器"窗格中，输入字段名称"xuanxiang"，数据类型为"短文本"；字段名称"tp_time"，数据类型为"日期/时间"。表保存为"myddc"，出现添加 ID 主键的提示框，单击"是"按钮。建立的"myddc"表设计视图如图 4-3 所示。

字段名称	数据类型	说明(可选)
ID	自动编号	
xuanxiang	短文本	
tp_time	日期/时间	

图 4-3 "myddc"设计视图

2. 设计投票表单页面

制作投票页面包括设计投票表单、表单验证、插入记录三个步骤。

（1）在站点主目录下创建名为"zxtp-1. asp"的文件，如图 4-4 所示。

（2）打开文件，选择"修改"→"模板对象"→"应用模板到页"命令，弹出"选择模板"对话框，如图 4-5 所示。站点设置为"ASP 学习站点"，模板设置为"网站前台模板"，勾选"当模板改变时更新页面"复选框，然后单击"选定"按钮。

（3）光标移到 ID 为 right 的 DIV 中，在"插入"栏中，单击"表单"选项卡，如图 4-6 所示，单击"表单"按钮，插入一个表单。切换到"布局"选项卡，插入 4 行 1 列表格，边框粗细为 1，首行标题。表格结构如图 4-7 所示。

（4）在"代码"视图下，表格标签内设置亮边框为"#999"，暗边框为"#FFF"，出现立体表格效果，代码如下。

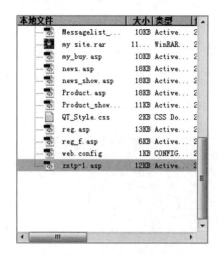

图4-4 "文件"面板

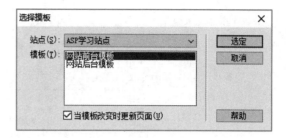

图4-5 "选择模板"对话框

图4-6 表单快捷工具栏

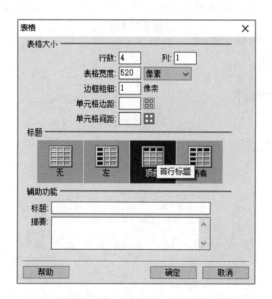

图4-7 "表格"对话框

```
<table width = "520" border = "1" bordercolordark = "#FFF" bordercolor-
light = "#999">
```

 提个醒

　　表格在网页中主要有两个作用，一是网页布局，二是让文本（对象）依照一定规则显示。

（5）表格内输入文本及 Spry 验证单选按钮组，名称为"xuanxiang"，如图 4-8 所示。选中第一个单选按钮，在"属性"面板中，勾选"已勾选"复选框。表格最后一行插入两个按钮，第一个类型为"提交"，值为"投票"，第二个类型为"重置"。在表单内插入一个隐藏域，名称为"TP_time"，默认值为"<% =now%>"。完成后，如图 4-9 所示。

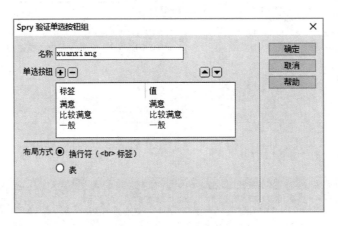

图 4-8　"Spry 验证单选按钮组"对话框

图 4-9　表单结构

 提个醒

　　表单域名称要与数据库字段一致，这样在做插入记录操作时才不会出现无法匹配而出现错误。

　　单选按钮组中只能有一个被选中，所以一定要选择一个选项为已勾选。

 小知识

一、表单

表单用来从用户（站点访问者）处收集信息，然后将这些信息提交给服务器进行处理。表单中可以包含进行交互的各种控件，如文本框、列表框、复选框和单选按钮等。用户在表单中输入或选择数据之后提交，该数据就会提交到相应的表单处理程序，并且以各种不同的方式进行处理。

1. 表单内容

（1）Form 标记（表单）：用于指明处理数据的方法。

（2）表单域：提供收集用户信息的方式，如产生文本框还是选择框等。

2. 语法格式

```
< form name = "名字" method = "方式" action = "文件">
插入相应的表单域标记
< /form>
```

3. 参数说明

（1）name = "名字"，给出该表单的名称。

（2）action = "文件"，说明当这个表单提交后，将传送给哪个文件处理。

（3）method = "方式"，指定表单的提交方式即服务器交换信息时所使用的方式，一般选择"POST"（向服务器传送数据）或"GET"（从服务器获得数据）。

二、表单域

使用＜form＞标记定义了表单后，用户通过具体的表单域添加信息。常见的表单域有以下几种。

1. 文本域

可让浏览者输入文字信息，如姓名、密码、留言等。根据表单对象的不同，可分为3类。

（1）单行文本域：用户输入的信息会原样显示。

（2）密码文本域：用户输入的信息会显示为"＊"。

（3）多行文本域：用户输入的信息会原样显示。与单行文本框的区别在于，多行文本框可以指定文本框的宽度和高度。

2. 选择域

可让浏览者在固定的范围内做出选择，如性别、爱好等。根据选择控件的不同，可分为两类。

（1）单选域：只允许选取一项。

（2）复选域：可选取多项。

3. 按钮域

可让浏览者对所有输入的内容采取一个动作，如是提交给服务器处理，还是将该输入的内容清除再重填。

（1）"提交"按钮：把输入的内容提交给相关程序，让服务器处理。

（2）"重置"按钮：把刚输入的内容清除，再由用户重新输入。

（3）无动作按钮：没有表单操作。

（6）在 Dreamweaver 的"服务器行为"面板中，单击✚按钮，在下拉列表中选择"插入记录"选项。在弹出的如图 4-10 所示的"插入记录"对话框中，设置"连接"为"conn"，"插入到表格"为"myddc"，"插入后，转到"为"zxdc-2.asp"，"获取值自"为"form1"，"表单元素"中"xuanxiang"插入到列中"xuanxiang"（文本），"tp_time" 插入到列中 "tp_time"（日期）。然后单击"确定"按钮。

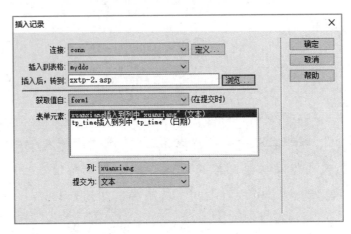

图 4-10　"插入记录"对话框

> **小知识**
>
> 　　插入记录服务器行为，可以通过对话框选择连接的数据库、表以及各表单元素加入的数据及数据类型。用户在表单字段中输入数据并单击"提交"按钮后，新的记录即插入数据库中。还可以设置在成功提交记录后要打开的页面，使提交者知道该数据库已更新。
>
> 　　它不但可以通过"服务器行为"面板来实现，也可以通过选择"插入"→"数据对象"→"插入记录"命令来实现。

（7）按 F12 键，测试网页，测试结果如图 4-1 所示。

3．设计统计调查结果页面

（1）选择"文件"→"新建"命令，弹出如图 4-11 所示的"新建文档"对话框，最左侧选择"模板中的页"选项，站点选择"ASP 学习站点"，模板选中"网站前台模板"，最右列勾选"当模板改变时更新页面"复选框，然后单击"创建"按钮。按 Ctrl+S 键，在弹出的"另存为"对话框中，将网页保存为 zxtp-2.asp。

（2）在 Dreamweaver 的"绑定"面板中，单击✚按钮，在下拉列表中选择"记录集（查询）"选项。在弹出的如图 4-12 所示的对话框中，名称输入"rs1"，"连接"为"conn"，"表格"为"myddc"，"筛选"组中字段为"XuanXiang"，运算符号为"="，变量来源为"输入的值"，"值"输入"满意"。单击"测试"按钮，出现测试结果后，单击

"确定"按钮。按上述步骤，依次建立名为"rs2""rs3""rs4"的记录集，来源均为"输入的值"。rs2 值输入"比较满意"，rs3 值输入"一般"，rs4 值输入"不满意"。

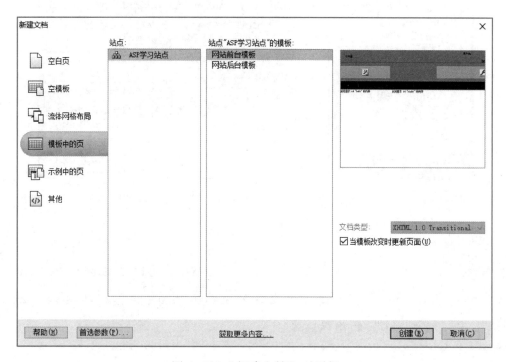

图 4-11 "新建文档"对话框

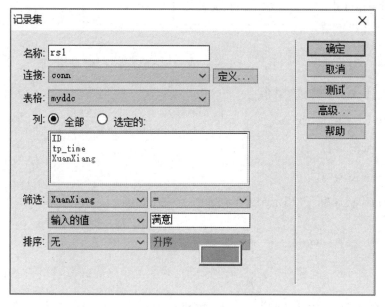

图 4-12 rs1 "记录集"对话框

（3）光标移到 ID 为 right 的 DIV 中，单击各记录集前面的"+"号按钮，展开记录集，如图 4-13 所示。将 4 个记录集 rs1、rs2、rs3、rs4 中"总记录数"字段拖动到页面中，按 F12 键，测试网页，如图 4-14 所示。

图 4-13　展开的记录集　　　　图 4-14　设计视图及测试页面

 提个醒

　　如果不将总记录数字段拖入网页中就不会产生计算总记录数的代码。rs1_total、rs2_total、rs3_total、rs4_total 这 4 个变量为空，值为 0，计算投票总数（Zongshu）为 0，则会出现"除数为 0"的错误。

　　（4）切换到代码视图，代码为"< % =（rs1_total）% > < % =（rs2_total）% > < % =（rs3_total）% > < % =（rs4_total）% >"，将代码修改如下。

```
< %
Dim Manyi,Bijiaomanyi,Yiban,Bumanyi,Zongshu '变量声明
    Manyi = rs1_total '变量赋值
    Bijiaomanyi = rs2_total
    Yiban = rs3_total
    Bumanyi = rs4_total
    Zongshu = manyi+Bijiaomanyi+Yiban+Bumanyi
% >
```

 小知识

　　VBScript 只有一种数据类型 Variant，它根据上下文来判断是数字、字符串还是其他的数据类型。因为 Variant 是 VBScript 中唯一的数据类型，所以它也是 VBScript 中所有函数的返回值的数据类型。

　　1. 声明变量

　　（1）显式声明：使用 Dim、Public、Private 语句进行声明。

（2）隐式声明：不声明直接使用。

（3）强制声明：Option Explicit 语句强制显式声明所有变量。

使用何种语句声明变量具体取决于变量的作用域。

Dim 用于声明脚本级的变量时，其作用域是整个脚本文件；用于过程变量时，必须使用 Dim，用于类级的变量，Dim 的效果与 Public 是完全相同的。

Private 用于声明私有变量。对于脚本级变量，它的作用与 Dim 和 Public 是完全相同的；但如果声明一个私有的类级变量，必须要用 Private。

Public 用于声明公有变量。对于脚本级作用域的变量，它在效果上与 Dim 或 Private 是一样的；对于类级变量，所有在类级用 Dim 或 Public 声明的变量在整个类中都是公有变量。

2. 变量作用域

在 VBScript 中有三种变量作用域。

（1）脚本级作用域。变量在整个脚本文件中都是有效的。声明的变量的作用域就是整个脚本。

（2）过程级作用域。变量在过程或函数中有效。过程、函数之外的其他代码都不能访问过程级变量。

（3）类级作用域。这是一种包含属性和方法的逻辑分组的特殊结构。类定义之外的代码都不能访问类级变量。

3. 变量赋值

可以为某个变量赋值，如下所示。

```
carname = "Volvo"
x = 10
```

变量名在表达式的左侧，需要赋给变量的值在表达式的右侧。现在变量 carname 的值是"Volvo"，变量 x 的值是"10"。

（5）调用记录集。

在相应位置插入自定义的变量，结果代码如下。

```
<h2 align = "center">调查结果</h2>满意(<% =manyi% >)<br />比较满意(<% =
Bijiaomanyi% >)<br />一般(<% =Yiban% >)<br />不满意(<% =Bumanyi% >)
<br />
```

在 Dreamweaver 中显示如图 4-15 所示效果。

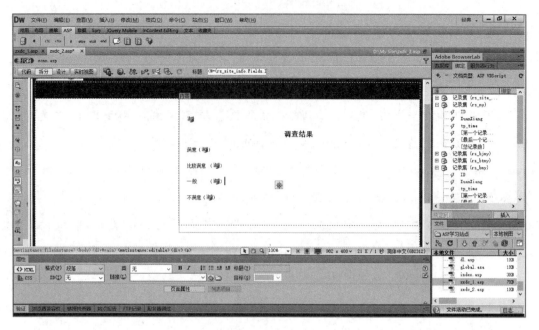

图 4-15 变量的显示

在每一个换行符下，插入图片 vote.gif，并将其 width 属性修改为票数占总数的百分比。依次做出"满意""比较满意""一般""不满意"的票数所占百分比、相应宽度的图片，代码如下。

```
<h2 align = "center">调查结果</h2>满意(<% =manyi% >)
<br />
<img src = "... /images/vote.gif" width = "<% = FormatPercent ((manyi/
Zongshu),2,-2,-2,-2) % >" height = "10" />
<br />
比较满意(<% =Bijiaomanyi% >)
<br />
<img src = "... /images/vote.gif" width = "<% = FormatPercent ((bijiao-
manyi/Zongshu),2,-2,-2,-2)% >" height = "10" />
<br />
一般(<% =Yiban% >)
<br />
<img src = "... /images/vote.gif" width = "< % = FormatPercent ((Yiban/
Zongshu),2,-2,-2,-2)% >" height = "10" />
<br />
不满意(<% =Bumanyi% >)
```

```
<br />
<img src = "... /images/vote.gif" width = "<% = FormatPercent ((Bumanyi/
Zongshu), 2,-2,-2,-2) %> height = "10" />
```

（6）按 F12 键测试网页，效果如图 4-2 所示。

📖 **小知识**

（1）向浏览器输出内容可以用语句 <% = 变量 %>，如果是文本，则用 <% = " 文本"%> 来实现。也可以用 Response.Write（变量）。如果是文本，则用 Response.Write（"文本"）的方式来输出内容。

（2）FormatPercent 函数，见表 4-1。

定义：返回被格式化为百分数的表达式（尾部带 % 符号的百分比）数值。

语法：FormatPercent（Expression [，NumDigAfte [r, IncLeadingDig [，UseParForNegNum [，GroupDig]]]]）

表 4-1 FormatPercent 参数说明

参数	描述
Expression	必选项。需要被格式化的表达式
NumDigAfterDec	小数点右侧显示位数的数值。默认值为 -1（使用的是计算机的区域设置）
IncLeadingDig	可选项。指示是否显示小数值的前导零（leadingzero）： -2 = TristateUseDefault - 使用计算机区域设置中的设置 -1 = TristateTrue - True 0 = TristateFalse - False
UseParForNegNum	可选项。指示是否将负值置于括号中： -2 = TristateUseDefault - 使用计算机区域设置中的设置 -1 = TristateTrue - True 0 = TristateFalse - False
GroupDig	可选项。指示是否使用计算机区域设置中指定的数字分组符号将数字分组 -2 = TristateUseDefault - 使用计算机区域设置中的设置 -1 = TristateTrue - True 0 = TristateFalse - False

  **举一反三**

当前满意度调查页面使得一个人可以通过刷新不停投票。怎么能让同一个 IP 用户 24 小时之内只能投一次票呢？小李决定设计包含投票限制的满意度调查程序。

（1）在数据库表 myddc 中，加入一个字段"tp_ip"，用来存放投票人的 IP 信息。

（2）打开 zxtp－1. asp，将文件另存为 zxtp－3. asp。在表单中插入一个隐藏域（tp_ip），在"代码"视图下，在"插入"栏单击 ▤ 按钮，弹出如图 4-16 所示的"服务器变量"对话框，在"变量"下拉列表中选择 REMOTE_ADDR 选项。

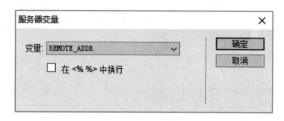

图 4-16　"服务器变量"对话框

选中刚刚插入的代码，单击"输出"按钮，形成

代码为" value = " < % = Request. ServerVariables （"REMOTE_ADDR"）% > " "。

📖 **小知识**

常见服务器 Request. ServerVariables 参数如下。

APPL_PHYSICAL_PATH：返回应用程序在服务器上的完整物理路径。

LOGON_USER：返回原登录用户名。

LOCAL_ADDR：返回服务器 IP 地址。

PATH_INFO：返回客户端提供的路径信息。

PATH_TRANSLATED：返回通过由虚拟至物理的映射后得到的路径。

REMOTE_ADDR：返回客户端 IP 地址。

REMOTE_HOST：返回客户端主机名。

REQUEST_METHODHTTP：返回请求方法，POST 或者 GET。

REMOTE_PORT：返回客户端端口。

SCRIPT_NAME：返回运行脚本的名称。

SERVER_NAME：返回服务器的名称。

SERVER_PORT：返回服务器的 TCP/IP 端口。

SERVER_PORT_SECURE：如果接受请求的服务器端口为安全端口时，则返回 1，否则返回 0。

SERVER_PROTOCOL：返回请求协议的名称和版本信息。通常返回 HTTP/1.0。

SERVER_SOFTWARE：返回应答请求并运行网关的服务器软件的名称和版本。

（3）双击"服务器行为"面板中的"插入记录"服务器行为，弹出"插入记录"对话框。在图 4-17 所示的对话框中，"表单元素"中加入"tp_ip"，列选择"tp_ip"，"提交为"选择"文本"，单击"确定"按钮。

（4）在表单后输入文字"同一 IP 一天内只能投一票"，在"绑定"面板绑定记录集（查询），"连接"为"conn"，选择 myddc 表，单击"高级"按钮，切换到复杂视图。单击

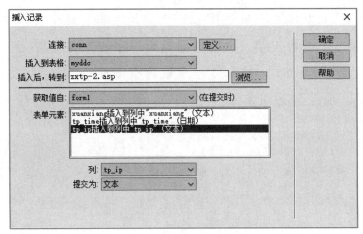

图 4-17   "插入记录"对话框

参数后的"+"按钮,弹出如图 4-18 所示的"编辑参数"对话框,名称为"x_1",类型为 Text,值为"Request.ServerVariables("Remote_Addr")",默认值为"::1",单击"确定"按钮。返回图 4-19 所示的对话框。在对话框中按图 4-19 所示填写 SQL 内容后,单击"确定"按钮。

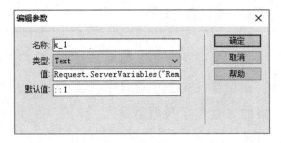

图 4-18   "编辑参数"对话框

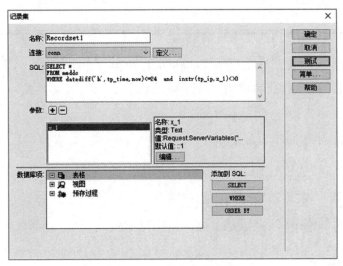

图 4-19   复杂的记录集

提个醒

在 SQL 中使用 datediff 的 interval 参数用 ' ' 而不是 " ",如 'd'、's' 等。否则会产生"错误 '800a0401'",原因是语句未结束。

在 SQL 中不能直接用 Request.ServerVariables ("Remote_Addr"),在 IP 地址中包含"."字符,如 127.0.0.1 有三个点字符,在 SQL 中容易产生"找不到操作符"的错误,在它外围加入" ' ' ",例如"'127.0.0.1'",就被当作字符串来处理了。

这样将投票中不足 24 小时且是同一 IP 投的票筛选出来。这个记录集不为空则说明这个 IP 在 24 小时内投过票，不能再投票，反之，记录集为空则可以投票。

（5）选定整个表单（<form>）加入"记录集为空则显示区域"的服务器行为，"同一 IP 一天内只能投一票"加入"记录集不为空则显示区域"的服务器行为，这样就制作完成了投票限制程序。

任 务 2　制 作 最 佳 员 工 评 选 网 页

任务描述

制作最佳员工评选网页，访问者在投票页面中进行投票后，系统数据库表中加入一条记录，在投票结果页中统计各员工得票数，计算各员工得票数占总票数的百分比，统计结果以表格的方式显示投票结果。

自己动手

优秀员工的评选需要两个页面。第一个页面主要是投票的表单及插入记录服务器行为，第二个页面进行数据处理，并以表格方式显示投票结果。

1. 设计投票表单

（1）将 zxtp-1.asp 另存为 zxtp-4.asp。

（2）删除文件中的单选按钮组，在单选按钮组位置插入名为"xuanxiang"的复选框组，标签分别为张三、李四、朱五、杨六，值分别为张三、李四、朱五、杨六，如图 4-20 所示。对表单中的文字进行修改，完成后，如图 4-21 所示。

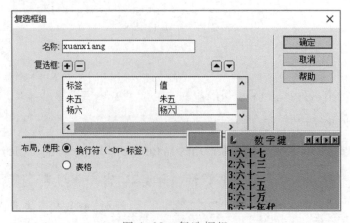

图 4-20　复选框组

图4-21　完成后的提交页面

（3）在<head></head>标签中间加入复选框选定数量判定的代码。

```
<script>
var check_num = 0;//定义选择数量
function check()
{ //定义函数check
  if(event.srcElement.checked==true)//已勾选复选框
        check_num++;//选择数量累加1
   else
        check_num--; //选择数量不变
   if(check_num>2)
    {
        alert("最多只能选2个!");//出现提示
        event.srcElement.checked=false;//不能进行选择
        check_num--;
    }
}
</script>
```

（4）在每一个复选框内加入单击事件"onclick="check()""。

 提个醒

onclick事件会在对象被点击时发生。check（）是在JavaScript中定义的函数。请注意，onclick与onmousedown不同。单击事件是在同一元素上发生了鼠标按下事件之后又发生了鼠标放开事件时才发生的。

（5）双击"服务器行为"面板中的"插入记录（表单form1）"选项。在弹出的如图4-22

所示的"插入记录"对话框中，"连接"为"conn"，"插入到表格"为"myddc"，"插入后，转到"为"zxtp-5.asp"，"获取值自"为"form1"，在"表单元素"中"xuanxiang"插入到列中"xuanxiang"（文本），"tp_time"插入到列中"tp_time"（日期），单击"确定"按钮。

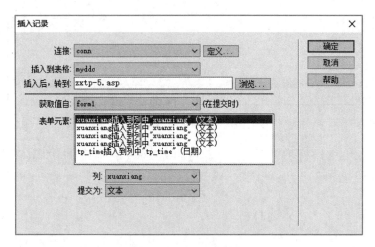

图4-22 "插入记录"对话框

（6）按F12键，保存并测试网页。

提个醒

复选框组提交的数据以"，"分割。例如，上例中选择了张三、李四两个选项，则其提交的值为"张三，李四"。

2. 设计结果返回页面

（1）在Dreamweaver中单击"新建"按钮，弹出"新建文档"对话框，单击"模板中的页"选项，站点选择"ASP学习站点"，在模板中选择"网站前台模板"，单击"创建"按钮，如图4-23所示，将网页保存在站点文件夹下（zxtp-5.asp）。

（2）在Dreamweaver的"绑定"面板中，单击✚按钮，在下拉列表中选择"记录集"选项。在弹出的如图4-24所示的"记录集"对话框中，"名称"为"rs_ZS"，"连接"为"conn"，"表格"为"myddc"，"筛选"组中字段为"XuanXiang"，运算符号为"包含"，变量来源为"输入的值"，值为"张三"，测试无误后，单击"确定"按钮。

按上述步骤，依次建立"rs_LS""rs_ZW""rs_YL"共4个记录集。筛选的输入值分别为"李四""朱五""杨六"。

（3）在"绑定"面板中，单击✚按钮，在下拉列表中选择"记录集"选项。在弹出的"记录集"对话框中，"名称"为"rs_tps"，"连接"为"conn"。单击"高级"按钮，进入到复杂"记录集"对话框，如图4-25所示，在SQL中输入如下代码"SELECT * FROM

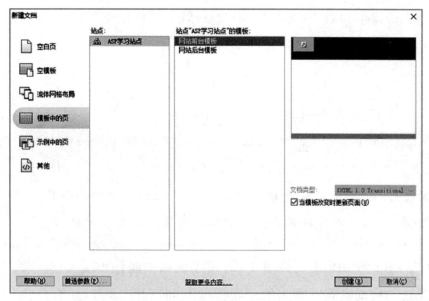

图 4-23 "新建文档"对话框

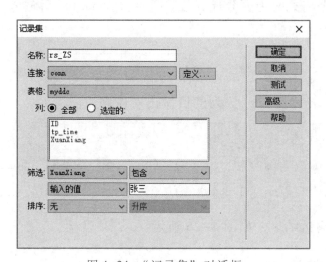

图 4-24 "记录集"对话框

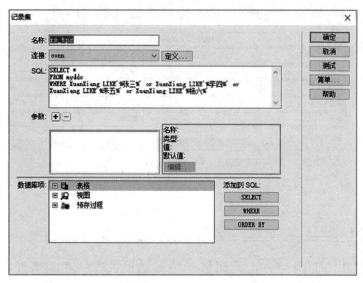

图 4-25 "记录集"对话框

myddc WHERE XuanXiang LIKE '% 张三%' or XuanXiang LIKE '% 李四%' or XuanXiang LIKE '% 朱五%' or XuanXiang LIKE '% 杨六%'"。

 提个醒

"AND" 和 "OR" 可在 WHERE 子语句中把两个或多个条件结合起来。

如果第一个条件和第二个条件都成立，则 AND 运算符显示一条记录。

只要第一个条件和第二个条件中有一个成立，则 OR 运算符显示一条记录。

"XuanXiang LIKE '% 张三%'" 选项中包含有 "张三" 这个字符串，"'% 张三%'" 必须用 "'" 不能用 """，否则测试时会产生错误提示，不能正确显示。

（4）在 ID 为 right 的 DIV 中，按图 4-26 所示的结构制作细线表格。将 "rs_zs" 的记录集中的 "总记录数" 拖动到张三对应的 "得票数" 列（第二列），"百分比" 列（第三列），同时将（第三列）数据格式改为百分比，在 "（rs_zs_total）" 后输入 "/（rs_tps_total）"，结果代码如下。

```
<% =FormatPercent ((rs_zs_total)/(rs_tps_total),-1,-2,-2,-2) %>
```

依次对李四、朱五、杨六 "百分比" 列的值做出对应修改。

```
<% =FormatPercent ((rs_ls_total)/(rs_tps_total),-1,-2,-2,-2) %>
<% =FormatPercent ((rs_zw_total)/(rs_tps_total),-1,-2,-2,-2) %>
<% =FormatPercent ((rs_yl_total)/(rs_tps_total),-1,-2,-2,-2) %>
```

（5）按 F12 键，测试结果，如图 4-26 所示。

图 4-26　测试结果

 **举一反三**

设计实现以表格和图形两种方式共同显示投票结果的在线投票系统。

打开 zxdc-5.asp，另存为 zxdc-6.asp。在表格中增加一列用来以图形显示得票率，利用

vote. gif 来显示得票率，效果如图 4-27 所示。图片宽度 width 属性设置为 "< % = FormatPercent((rs_ZS_total)/(rs_tps_total)，-1，-2，-2，-2)% >"。

图 4-27　表格和图形共同显示投票结果页面

任务 3　制作多用途调查表

成功地制作满意度调查与最佳员工评选网页后，小李准备制作多用途网络调查表。它不但可以用来完成前面的两个任务，还可以灵活地设置各种网络调查活动。

本次任务要设计两个页面。第一个页面是投票表单，如图 4-28 所示；而第二个页面要进行数据处理，更新记录中选票数量，并以表格方式显示投票结果，如图 4-29 所示。

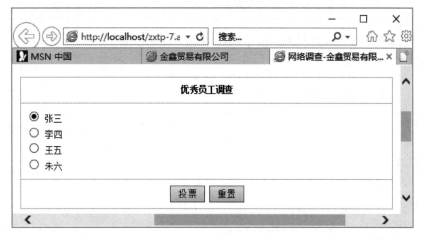

图 4-28　投票页面 "zxdc-7. asp" 测试结果

图 4-29　结果页面"zxdc-8.asp"测试结果

1. 创建数据库表

（1）打开 database.accdb 的数据库文件，在"设计"视图下，建立一个数据库表，表结构见表 4-2，表保存为"WLDC_TY"。

表 4-2　通用网络调查（wldc_ty）表结构

字段名称	数据类型	说明	主键
ID	自动编号	编号	是
dctm	短文本	调查名称	
da_A_Text	短文本	选项 A 文本	
Da_A	数字	选择 A	
da_B_Text	短文本	选项 B 文本	
Da_B	数字	选择 B	
da_C_Text	短文本	选项 C 文本	
Da_C	数字	选择 C	
da_D_Text	短文本	选项 D 文本	
Da_D	数字	选择 D	
KSSJ	日期/时间	开始时间	
JSSJ	日期/时间	结束时间	

（2）切换到"数据库表"视图，按表 4-3 的内容输入记录。

表 4-3　记　　录

ID	1	2
dctm	满意度调查	优秀员工调查
da_A_Text	满意	张三
da_A	4	0
da_B_Text	比较满意	李四
da_B	2	0
da_C_Text	一般	王五
da_C	1	0

续表

ID	1	2
da_D_Text	不满意	朱六
da_D	1	0
KSSJ	2019/10/1	2020/1/1
JSSJ	2019/12/31	2020/3/1

2. 制作投票页面

提个醒

在简单视图下创建记录集，只能是现有字段，不能将计算结果赋值给字段，也不能进行多字段条件的查询和多字段排序。因此要创建所需要的查询，大多数情况要在复杂视图下进行。

Access 中创建查询后，切换到 SQL 视图，就可以自动生成 SQL 代码，复制代码并粘贴到记录集的 SQL 中，就可以完成复杂的记录集绑定，给初学者带来了极大方便。

（1）单击"新建"按钮。在"新建"对话框中，单击"模板中的页"选项，选择"网站前台模板"，单击"创建"按钮，将网页保存为"zxdc-7.asp"。

（2）在 ID 为"right"的 DIV 中插入
，然后插入表单，在表单内插入表格，如图 4-30 所示。

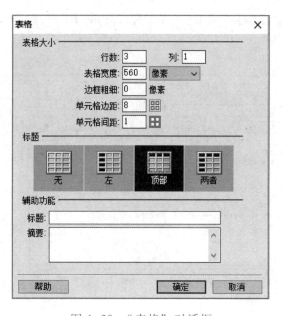

图 4-30 "表格"对话框

（3）表格背景颜色为"#CCC"，所有单元格背景颜色为"#FFF"，出现细线表格效果，代码如下。

```
<table width="560" border="0" align="center" cellpadding="8" cell-
spacing="1" bgcolor="#CCC">
    <tr>
     <td bgcolor="#FFF"></td>
    </tr>
</table>
```

提个醒

通过设置表格背景颜色（bgcolor）为较深色，间距（cellspacing）为1，单元格的背景颜色为白色，可以使表格呈现细线表格效果。细线表格相对于立体表格，设置的主要属性不在<table>标签上，而是在<td><th>标签上，这样代码字符数量大，但显示美观细腻，个人网站与公司网站常常使用。

通过样式表也可以达到相近效果。可以用较少的代码实现细线表格。首先定义表格的 ID 或 CLASS，设置其<td>，<th>标签的样式为"border：#CCC 1px solid"。

（4）在"绑定"面板中，单击➕按钮，在下拉列表中选择"记录集"选项。在弹出的如图 4-31 所示的对话框中，设置"名称"为"rs_dq"，"连接"为"conn"，单击"高级"按钮，切换到复杂视图，在 SQL 中输入"SELECT ＊ FROM wldc_ty WHERE jssj>now and kssj<now"或"SELECT ＊ FROM wldc_ty WHERE now BETWEEN kssj AND jssj"，测试成功后，单击"确定"按钮。

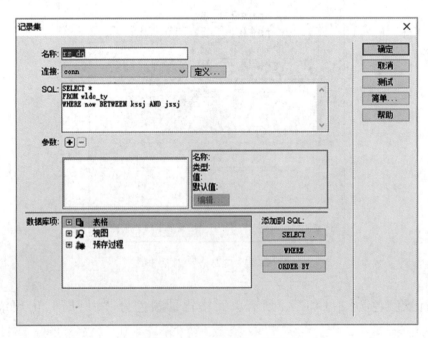

图 4-31　"记录集"对话框

（5）将单选按钮组名称修改为 daan，值分别设置为 da_a、da_b、da_c、da_d，对标签进行设置，将调查题目（rs_dq.dctm）拖放到第一行，在"属性"面板中将表单的动作设置为"zxtp-8.asp"，代码如图 4-32 所示。

```
137    <div id="right"> <br />
138       <form action="zxtp-8.asp" method="post" name="form1" id="form1"><table width="520" border=
"0" align="center" cellpadding="8" cellspacing="1" bgcolor="#CCCCCC">
139       <tr><th bgcolor="#FFFFFF" scope="col"><%=(rs_dq.Fields.Item("dctm").Value)%></th></tr> <tr
>
140         <td bgcolor="#FFFFFF">
141           <input name="daan" type="radio" value="da_a" checked="checked" />
142             <%=(rs_dq.Fields.Item("da_a_text").Value)%>
143           <br />
144           <input type="radio" name="daan" value="da_b" />
145             <%=(rs_dq.Fields.Item("da_b_text").Value)%>
146           <br /><input type="radio" name="daan" value="da_c" />
147             <%=(rs_dq.Fields.Item("da_c_text").Value)%>
148           <br />
149           <input type="radio" name="daan" value="da_d" />
150             <%=(rs_dq.Fields.Item("da_d_text").Value)%>
151           <br />
152       </td></tr><tr>
153         <td align="center" bgcolor="#FFFFFF"><input type="submit" name="button" id="button"
value="投票" /> <input type="reset" name="button2" id="button2" value="重置" /></td></tr></
table>
```

图 4-32 代码

（6）在表格最后一行插入两个按钮，第一个类型为"提交"，值为"投票"，第二个类型为"重置"。完成后如图 4-33 所示。

图 4-33 结果图

（7）完成后，按 F12 键，测试网页，测试结果如图 4-28 所示。

3. 设计返回结果页面

（1）新建一个基于"网站前台模板"的页面"zxtp-8.asp"。

（2）在 Dreamweaver 的"绑定"面板中，单击 ✚ 按钮，在下拉列表中选择"记录集"选项。在"记录集"对话框中，单击"高级"按钮，进入到复杂视图，如图 4-34 所示。设置"名称"为"rs_dcjg"（即调查结果）记录集，"连接"为"conn"，在 SQL 中输入"SELECT * , da_a+da_b+da_c+da_d as zongshu , da_a/zongshu as abl , da_b/zongshu as bbl , da_c/zongshu as cbl , da_d/zongshu as dbl ROM wldc_ty WHERE jssj>now and kssj<now"，也就是在上个查询基础上加入投票总数"zongshu"，选择 A 占的比例"abl"，选择 B 占的比例

"bbl",选择 C 占的比例 "cbl",选择 D 占的比例 "dbl"。测试成功后,单击 "确定" 按钮。

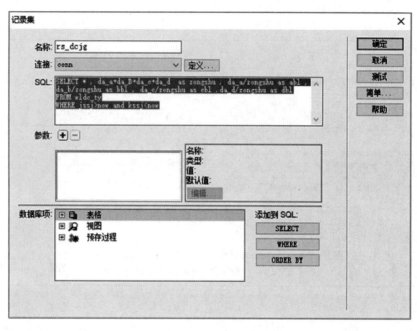

图 4-34 "记录集" 对话框

(3)记录集数据的显示。插入一个 6 行 3 列的表格,表格填充为 8,间距为 1,边框为 0,顶部两行页眉。设置表格背景颜色为 "#CCC",单元格颜色为 "#FFF"。第一行输入文字,然后将记录集 "rs_dcjg" 记录拖动到对应的位置,如图 4-35 所示。

{rs_dcjg.detm}结果		
项目	票数	比例
{rs_dcjg.da_A_Text}	{rs_dcjg.da_A}	{rs_dcjg.abl}
{rs_dcjg.da_B_Text}	{rs_dcjg.da_B}	{rs_dcjg.bbl}
{rs_dcjg.da_C_Text}	{rs_dcjg.da_C}	{rs_dcjg.cbl}
{rs_dcjg.da_D_Text}	{rs_dcjg.da_D}	{rs_dcjg.dbl}

图 4-35 各记录位置

(4)处理投票程序。在 "服务器行为" 面板单击 ✚ 选项,在弹出的列表中选择 "命令" 选项,弹出如图 4-36 所示的 "命令" 对话框,在对话框中,设置 "名称" 为 "XZA","连接" 为 "conn","类型" 为 "更新","数据库项" 为 wldc_ty 表的 "da_A" 字段,在右方的 "添加到 SQL" 组中单击两次 SET 按钮,依次选择 jssj 和 kssj 字段,并分别在右方的 "添加到 SQL" 组中单击 WHERE 按钮。

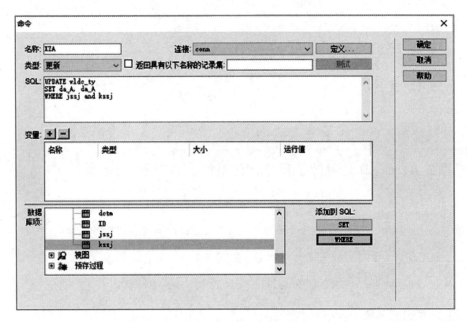

图 4-36　"命令"对话框

形成的更新记录代码如下。

```
<%
Set XZA = Server.CreateObject ("ADODB.Command")
XZA.ActiveConnection = MM_conn_STRING
XZA.CommandText = "UPDATE wldc_ty SET da_A, da_A WHERE jssj and kssj "
XZA.CommandType = 1
XZA.CommandTimeOut = 0
XZA.Prepared = true
XZA.Execute ()
%>
```

将其中"XZA.CommandText = "UPDATE wldc_ty SET da_A, da_A WHERE jssj and kssj""
改写为"XZA.CommandText = "UPDATE wldc_ty SET da_A = da_A + 1 WHERE ID =" &rs_
DQ.Fields.Item ("ID").Value"。

把这个程序段加入子过程中去。答案 A 处理子程序，代码如下。

```
sub daanA()
  Set XZA = Server.CreateObject ("ADODB.Command")
  XZA.ActiveConnection = MM_conn_STRING
  XZA.CommandText = "UPDATE wldc_ty SET da_A=da_A+1 WHERE ID = "&rs_
DQ.Fields.Item ("ID").Value
```

```
    XZA.CommandType = 1
    XZA.CommandTimeOut = 0
    XZA.Prepared = true
    XZA.Execute ( )
end sub
```

依次形成答案 B、C、D 处理的子程序，代码如下。

```
sub daanB( )
    Set XZB = Server.CreateObject ("ADODB.Command")
    XZB.ActiveConnection = MM_conn_STRING
    XZB.CommandText = "UPDATE wldc_ty SET da_B = da_B+1 WHERE ID = "&rs_
DQ.Fields.Item ("ID").Value
    XZB.CommandType = 1
    XZB.CommandTimeOut = 0
    XZB.Prepared = true
    XZB.Execute ( )
end sub
sub daanC( )
    Set XZC = Server.CreateObject ("ADODB.Command")
    XZC.ActiveConnection = MM_conn_STRING
    XZC.CommandText = "UPDATE wldc_ty SET da_C = da_C+1 WHERE ID = "&rs_
DQ.Fields.Item ("ID").Value
    XZC.CommandType = 1
    XZC.CommandTimeOut = 0
    XZC.Prepared = true
    XZC.Execute ( )
end sub
sub daanD( )
    Set XZD = Server.CreateObject ("ADODB.Command")
    XZD.ActiveConnection = MM_conn_STRING
    XZD.CommandText = "UPDATE wldc_ty SET da_D = da_D+1 WHERE ID = "&rs_
DQ.Fields.Item("ID").Value
    XZD.CommandType = 1
```

```
    XZD.CommandTimeOut = 0
    XZD.Prepared = true
    XZD.Execute()
end sub
```

利用分支语句，根据上个页面 zxtp-6. asp 传递过来的表单变量 DAAN 的值，选择运行不同的子程序，代码如下。

```
if Trim(Request.Form("DAAN"))= "da_A" then
     call daanA
elseif Trim(Request.Form("DAAN"))= "da_B" then
    call daanB
elseif Trim(Request.Form("DAAN"))= "da_C" then
    call daanC
elseif Trim(Request.Form("DAAN"))= "da_D" then
    call daanD
end if
```

小知识

对于复杂的问题来说，可以采用结构化的程序设计思想。所谓结构化思想，就是将一个较大的程序划分成若干个模块，每个模块完成各自特定的功能。在 VBScript 中可将这些功能模块定义成一个个过程，供使用者多次调用。根据是否有返回值，可将过程分为子过程和函数。

1. Sub 子过程

定义过程：

Sub<子过程名><[形式参数]＞

［语句组］

End Sub

调用过程：

Call<子过程名><[实际参数]＞

2. Function 函数

定义函数：

Function<函数名><[形式参数]＞

[语句组]

End Function

调用函数：

<函数名><［实际参数］>

（5）保存网页后，从投票页测试，投票结果页面如图4-29所示。

举一反三

（1）调整服务器时间，查看结果。将系统时间调整为2020年1月1日，测试投票与投票结果页面，调查内容会随时间变化而变化。

（2）将结果页中投票比例用FormatPercent函数格式化。

（3）增加新网络调查，如图4-37所示。

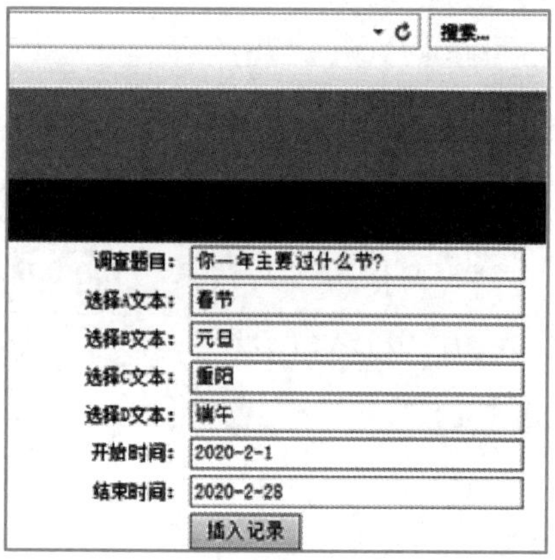

① 利用"网站后台模板"新建一个模板中的页，保存在"admin"文件夹下，保存为zxdc_add.asp。

② 光标移动到ID为Right的DIV中，选择"插入"→

图4-37 zxdc_add.asp测试结果

"数据对象"→"插入记录"→"插入记录表单向导"命令。在"插入记录表单"对话框中，设置"连接"为"conn"，"表格"为"wldc_ty"，"插入后，转到"为"DL.asp"，各表单字段的设置参照表4-4，如图4-38所示。

表4-4 表单字段

列	标签	显示为	提交为
dctm	调查题目：	文本字段	文本
da_a_text	A答案：	文本字段	文本
da_b_text	B答案：	文本字段	文本
da_c_text	C答案：	文本字段	文本
da_d_text	D答案：	文本字段	文本
kssj	开始时间：	文本字段	日期
jssj	结束时间：	文本字段	日期

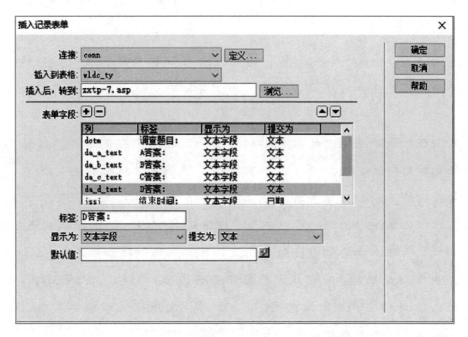

图 4-38　"插入记录表单"对话框

 小知识

在 Dreamweaver 中可以使用"插入记录表单向导"命令来创建允许访问者向数据库中输入数据的表单。应用程序对象使用户可以选择要包括在该表单中的字段、字段标签以及选择要插入的表单对象的类型。用户在表单字段中输入数据并单击"提交"按钮后，新的记录即插入数据库中。这个操作在构建表单同时也添加了"插入记录"的服务器行为，操作更快捷。在修改时只能对表单及插入记录分别进行修改。

③ 用 Spry 对象进行表单验证后，按 F12 键，结果如图 4-37 所示。

（4）简化通用调查的处理程序。通用网络调查制作简单，思路清晰，但代码过多，简化后代码如下。

```
Set XZA = Server.CreateObject ("ADODB.Command")
XZA.ActiveConnection = MM_conn_STRING
XZA.CommandText = "UPDATE wldc_ty SET "&Request.Form ("DAAN") &" = "
&Request.Form ("DAAN") &"+1 WHERE ID="&rs_DQ.Fields.Item ("ID").Value
XZA.CommandType = 1
XZA.CommandTimeOut = 0
XZA.Prepared = true
XZA.Execute()
```

知识拓展

结构化查询语言（structured query language）简称 SQL，是一种特殊目的的编程语言，是一种数据库查询和程序设计语言，用于存取数据以及查询、更新和管理关系数据库系统。

结构化查询语言是非过程化的高级编程语言，允许用户在高层数据结构上工作。它不要求用户指定对数据的存放方法，也不需要用户了解具体的数据存放方式，所以具有完全不同底层结构的不同数据库系统，可以使用相同的结构化查询语言作为数据输入与管理的接口。结构化查询语言语句可以嵌套，这使它具有极大的灵活性和强大的功能。

SQL 从功能上可以分为3部分：数据定义、数据操作和数据控制。

（1）SQL 数据定义功能：能够定义数据库的三级模式结构，即外模式、全局模式和内模式结构。在 SQL 中，外模式又称视图（view），全局模式简称模式（schema），内模式由系统根据数据库模式自动实现，一般无须用户过问。

（2）SQL 数据操作功能：包括对基本表和视图的数据插入、删除和修改，特别是具有很强的数据查询功能。

（3）SQL 的数据控制功能：主要是对用户的访问权限加以控制，以保证系统的安全性。

SQL 的核心部分相当于关系代数，但又具有关系代数所没有的许多特点，如聚集、数据库更新等。它是一个综合的、通用的、功能极强的关系数据库语言。其特点如下。

（1）数据描述、操作、控制等功能一体化。

（2）两种使用方式，统一的语法结构。SQL 语言既是自含式语言，又是嵌入式语言。作为自含式语言，它能够独立地用于联机交互的使用方式，用户可以在终端键盘上直接输入 SQL 命令对数据库进行操作。作为嵌入式语言，SQL 语句能够嵌入到高级语言程序中，供程序员设计程序时使用。而在两种不同的使用方式下，SQL 语言的语法结构基本上是一致的。这种以统一的语法结构提供两种不同的使用方式的做法，为用户提供了极大的灵活性与方便性。

（3）高度非过程化。SQL 是一种第四代语言（4GL），用户只需要提出"干什么"，无须具体指明"怎么干"，像存取路径选择和具体处理操作等均由系统自动完成。

（4）语言简洁，易学易用。尽管 SQL 的功能很强，但语言十分简洁，核心功能只用了9个动词。SQL 的语法接近英语口语，所以，用户很容易学习和使用。

常用的 SQL 语法格式如下。

（1）删除记录：

DELETE FROM 表名称

DELETE FROM 表名称 WHERE 条件

（2）修改记录：

UPDATE 表名称 SET 列名称 = 新值 WHERE 列名称 = 某值

（3）插入记录：

INSERT INTO 表名称 VALUES（值 1，值 2，…）

INSERT INTO table_name（列 1，列 2，…）VALUES（值 1，值 2，…）

（4）IN 操作符：

允许用户在 WHERE 子句中规定多个值。

SELECT column_name（s）

FROM table_name

WHERE column_name IN（value1，value2，…）

（5）LIKE 操作符：

LIKE 操作符用于在 WHERE 子句中搜索列中的指定模式。

SELECT column_name（s）

FROM table_name

WHERE column_name LIKE pattern

（6）BETWEEN 操作符：

操作符 BETWEEN…AND 会选取介于两个值之间的数据范围。这些值可以是数值、文本或者日期。

SELECT column_name（s）

FROM table_name

WHERE column_name

BETWEEN value1 AND value2

（7）INNER JOIN 关键字：在表中存在至少一个匹配时，INNER JOIN 关键字返回行。

INNER JOIN 关键字语法：

SELECT column_name（s）

FROM table_name1

INNER JOIN table_name2

ON table_name1.column_name＝table_name2.column_name

创建留言板

留言板在企业网站中的重要性越来越显著。访问者在留言板上留言，本身就是一个创造知识的过程，留言越多，网站内容越丰富。新的访问者看到留言板的留言很多，第一印象就是这个网站很活跃，用户参与度高，说明企业产品很受欢迎。新的访问者通过翻阅和查找别人的留言，就可以找到很多问题的答案。

本项目首先制作用户的登录与注册页面，为用户留言提供服务，掌握用户注册，登录用户，检查新用户名，表单检查等服务器行为的设置与使用。通过用户留言、游客留言及通用留言的制作过程，学习查询建立及限制页面访问等知识。

任务 1 设计用户登录与注册

 **任务描述**

用户登录与注册是留言的基础。任务中首先设计用户表 jinxin_users，然后制作注册页面"reg. asp"、注册失败页面"reg_f. asp"、登录页面"login. asp"、登录失败页面"login_f. asp"。测试结果如图 5-1 ~ 图 5-4 所示。

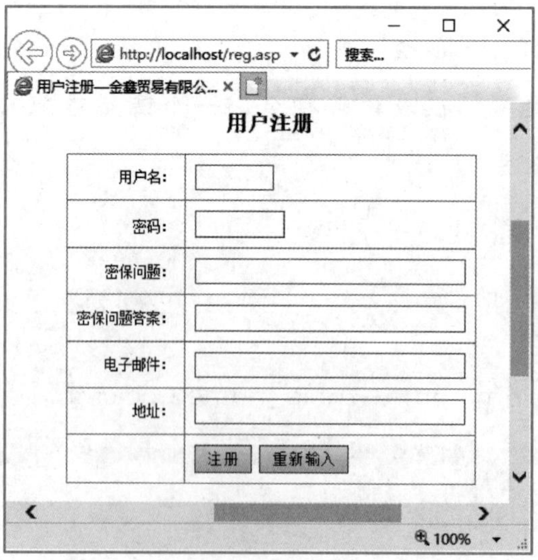

图 5-1 注册页面"reg. asp"

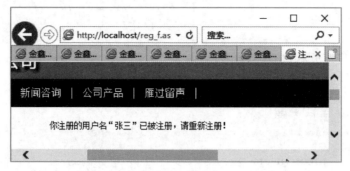

图 5-2 注册失败页面"reg_f. asp"

图 5-3 登录页面"login. asp"

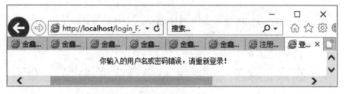

图 5-4 登录失败页面"login_f. asp"

 自己动手

1. 设计数据库表

（1）打开 D:\My Site\database.accdb，使用"表设计"视图创建一个表，表结构见表 5-1。

表 5-1 用户表（jinxin_users）表结构

字段名称	数据类型	说明	主键值
Users_ID	自动编号	用户编号	主键
Users_name	短文本	用户名	
Users_password	短文本	密码（用 * 掩码）	
Users_regtime	时间/日期	注册时间	
Users_wenti	短文本	密保问题	
Users_daan	短文本	密保问题答案	
Users_Email	短文本	电子邮件	
Users_address	短文本	地址	

提个醒

用＊号掩码，管理员和黑客不能明码看到密码，安全性得到提升，可提高用户对网站的信任度。密保问题与密保问题答案可用于用户丢失后找回密码。一般网站用户名、密码用MD5加密，安全性更高。

（2）将表保存为"jinxin_users"。

2. 用户注册

用户注册包括4个步骤，第1步建立注册表单，第2步表单验证，第3步插入记录，第4步检查新用户名。

（1）在"文件"面板中，新建文件"reg.asp""login.asp""reg_f.asp""login_f.asp"4个页面。套用"网站前台模板"到页面。"reg.asp"标题修改为"用户注册—<% =（rs_site_info.Fields.Item（"Site_Title"）.Value)%>"，"login.asp"标题修改为"用户登录—<% =（rs_site_info.Fields.Item（"Site_Title"）.Value)%>"，"reg_f.asp"标题修改为"注册失败—<% =（rs_site_info.Fields.Item（"Site_Title"）.Value)%>"，"login_f.asp"标题修改为"登录失败—<% =（rs_site_info.Fields.Item（"Site_Title"）.Value)%>"。

（2）打开注册页面"reg.asp"，光标移动到页面id为"right"的DIV中，选择"插入"→"数据对象"→"插入记录"→"插入记录表单向导"命令。在如图5-5所示的"插入记录表单"对话框中，设置"连接"为"conn"，"表格"为"jinxin_users"，表单字段参照表5-2进行设置。

表5-2 插入记录字段设置

列	标签	显示为	提交为	默认值
Users_name	用户名：	文本字段	文本	
Users_password	密码：	密码字段	文本	
Users_regtime		隐藏域	日期	<% =now%>
Users_wenti	密码提示问题：	文本字段	文本	
Users_daan	提示问题答案：	文本字段	文本	
Users_Email	电子邮件：	文本字段	文本	
Users_address	地址：	文本字段	文本	

（3）依次选择各表单域，文本域插入"Spry验证的文本域"，密码域插入"Spry验证的密码"。所在文本都是必填项，其中"Users_Email"文本域的类型为"电子邮件地址"，完成表单验证。

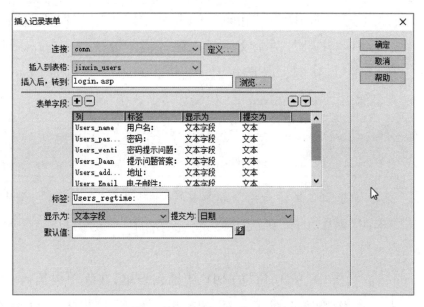

图 5-5 "插入记录表单"对话框

提个醒

选择表单域，插入 Spry 验证文本域后，这时表单域外增加了一个<span>标签，可以对表单域进行验证，与直接插入 Spry 验证的表单域的效果相同。

（4）在"服务器行为"面板中，单击➕按钮，选择"用户身份验证"项下的"检查新用户名"选项。在弹出的如图 5-6 所示的"检查新用户名"对话框中，设置"用户名字段"为"Users_name"，"如果已存在，则转到"为"reg_f. asp"，单击"确定"按钮。

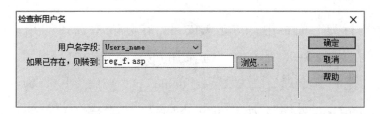

图 5-6 "检查新用户名"对话框

小知识

当用户单击注册页上的"提交"按钮时，该服务器行为将对用户输入的用户名和存储在注册用户数据库表中的用户名进行比较。如果没有在数据库表中找到匹配的用户名，则该服务器行为通常会执行插入记录操作。如果找到匹配的用户名，该服务器行为将取消插入记录操作并打开一个新页（通常是提示该用户名已被使用的页），用 Requername 这个 URL 参数，把注册的用户名传递到注册错误页面。

(5) 打开"reg_f. asp",在 ID 为"right"的 DIV 中输入"你注册的用户名已被注册,请重新注册!",然后选中"注册"两个文字插入超链接,链接到"reg. asp"。在"名"字后单击 ASP 插入工具栏的 <%= 按钮,光标在"="后,单击"修剪的 QueryString 元素"按钮,QueryString 元素名称为"requsername",代码如下。

```
你注册的用户名"<% =Trim(Request.QueryString("requsername"))% >"已被
注册,请重新<a href ="reg.asp">注册</a>!
```

(6) 在"文件"菜单中选择"保存全部"命令。转到注册页"reg. asp",按 F12 键测试。注册用户名为"张三""李四"两个用户,再次注册用户名为"张三"的用户,结果如图 5-2 所示。

3. 用户登录

(1) 打开"login. asp",在 ID 为"right"的 DIV 中插入表单,在表单内插入三行两列的表格,并设置细线表格样式。表格的第 1 行第 2 列插入 Spry 验证文本域,文本域名称为"Users_name",表格第 2 行第 2 列插入 Spry 验证密码,文本域名称为"rs_password",插入两个按钮,动作分别是"提交表单"和"重设表单",值分别为"登录"和"取消",在相应位置录入"用户登录""用户名:""密码:",并设置单元格对齐方式,如图 5-7 所示。

图 5-7　登录表单

(2) 在"服务器行为"面板中,单击 ➕ 按钮,在列表中选择"用户身份验证"项下的"登录用户"选项。在如图 5-8 所示的"登录用户"对话框中,设置"从表单获取输入"为"form_denglu","用户名字段"为"Users_name","密码字段"为"rs_password","使用连接验证"为"conn","表格"为"jinxin_users","用户名列"为"Users_name","密码列"为"Users_password","如果登录成功,转到"为"index. asp","如果登录失败,转到"为"login_f. asp",在"基于以下项限制访问"组中选择"用户名和密码"单选按钮,然后单击"确定"按钮,完成登录页面制作。

(3) 在 login_f. asp 中输入"你输入的用户名或密码错误,请重新登录!",选择"登录"两个字符加入超链接,链接到 login. asp。选择"文件"→"保存全部"命令。单击 login. asp 文件,按 F12 键测试,输入正确的用户及密码转到网站首页(index. asp),用户名或密码错误后转到登录错误页面,如图 5-4 所示。

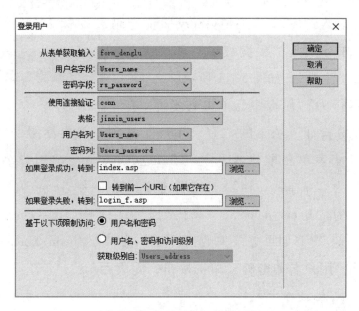

图 5-8 "登录用户"对话框

 小知识

当用户单击登录页上的"提交"按钮时,"登录用户"服务器行为将对用户输入的值和注册用户的值进行比较。如果这些值匹配,该服务器行为会打开一个页(通常是站点的欢迎页面)。如果这些值不匹配,则该服务器行为将会打开另一页(通常是提示用户登录失败页面)。

 **举一反三**

在"网页前台模板"模板页中加入登录表单,这样可以让浏览者随时登录与注册,如图 5-9 所示。登录成功会显示问候的语句,给浏览者亲切的感觉,如图 5-10 所示。

图 5-9 登录前页面

图 5-10 登录后页面

(1)打开网页前台模板的模板页,在<header>标签中插入 1 行 1 列的定位表格,表格中插入表单,表单名字定义为"form_denglu",录入"用户名:",插入 Spry 验证文本域,文本域名称为"Users_name"，录入"密码:"，插入 Spry 验证密码，文本域名称为"rs_password"，然后插入两个按钮，动作分别是"提交表单"和"无"，值分别为"登录"和"注册"，如图 5-11 所示。

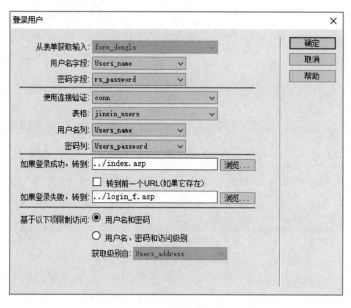

图 5-11　登录表单

（2）在"服务器行为"面板中，单击╋按钮，在列表中选择"用户身份验证"项下的"登录用户"选项。弹出如图 5-12 所示的"登录用户"对话框，设置"从表单获取输入"为"form_denglu"，"用户名字段"为"Users_name"，"密码字段"为"rs_password"，"使用连接验证"为"conn"，"表格"为"jinxin_users"，"用户名列"为"Users_name"，"密码列"为"Users_password"，"如果登录成功，转到"为"../index.asp"，"如果登录失败，转到"为"../login_f.asp"，在"基于以下项限制访问"组中选择"用户名和密码"单选按钮，完成后单击"确定"按钮。

图 5-12　"登录用户"对话框

（3）选择"注册"按钮，按 Shift+F4 键，打开"行为"面板，单击╋按钮，选择"转到 URL"选项，弹出如图 5-13 所示的"转到 URL"对话框。设置"打开在"为"主窗口"，URL 为"../reg.asp"，完成后，单击"确定"按钮。

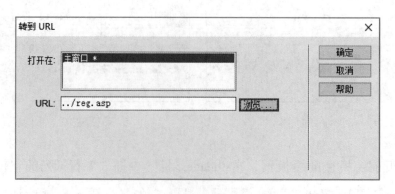

图 5-13　"转到 URL"对话框

（4）在"绑定"面板单击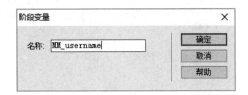按钮，在列表中选择
"阶段变量"选项，出现如图5-14所示的"阶段变
量"对话框，设置"名称"为"MM_username"，单击
"确定"按钮，将"MM_username"这个阶段变量拖动
到表单后。

图5-14 "阶段变量"对话框

 小知识

当用户登录后会创建 MM_username 的 Session 变量。通常用绑定阶段变量的方式，一次绑定可以在所有网页设计过程中调用。

（5）光标移动到表单前，单击"插入"栏的 ASP 选项卡，单击其中的 if 按钮，在代码中输入条件"Session（"MM_username"）= """，光标移动到表单后（</form>标签后），单击 else 按钮，阶段变量后单击 end 按钮，产生代码如下。

```
<% If Session ( "MM_username" ) = " "Then % >
    登录表单
<% Else % >
    <% = Session( "MM_username" ) % >您好！欢迎光临金鑫贸易有限公司网站！
<% End If % >
```

 小知识

VBScript 条件语句

（1）If…Then…Else…End if

格式：

If<条件表达式>Then

［程序1］

Else

［程序2］

End if

功能：如果条件成立，执行［程序1］；反之，如果条件不成立，执行 Else 后的［程序2］。

（2）select case

格式：

select case xx

case 条件1

```
［程序1］
case 条件2
［程序2］
case else
［程序3］
end select
```

功能：如果条件1成立，执行［程序1］；如果条件2成立，执行［程序2］；都不成立执行［程序3］。

（6）保存网页，出现如图5-15所示的"更新模板文件"对话框，单击"更新"按钮，出现如图5-16所示的"更新页面"窗口，完成后单击"关闭"按钮，完成以上操作后，如有打开的文件，必须在"文件"菜单中选择"保存全部"命令。

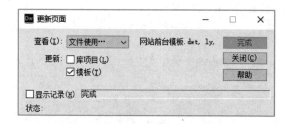

图5-15　"更新模板文件"对话框　　　　图5-16　"更新页面"窗口

（7）按F12键，测试网页，结果如图5-9所示，用张三的用户名登录后，结果如图5-10所示。

任务2　设计用户留言

　任务描述　

设计用户留言系统，首先建立数据表，然后设计留言和留言显示两个页面。留言页面中要建立留言表单，检查表单及插入记录的服务器行为，如图5-17所示。留言显示页面中要绑定记录集，页面中插入记录集字段，选定表格中的指定行进行重复显示，如图5-18所示。

图 5-17 "Message_user. asp"测试结果（留言页面）

留言列表				
留言标题：	D25塑料涨壳锚头价格		留言人：	比春江
留言内容：	D25塑料涨壳锚头价格			
电子邮件：	***@163.com		地址：	XXX市AAAA区ZZZ号
留言标题：	DCP多重防腐预应力注浆锚杆 Φ22 L=4m 约700根，每根单价是多少		留言人：	牛明富
留言内容：	DCP多重防腐预应力注浆锚杆 Φ22 L=4m 约700根，每根单价是多少			
电子邮件：	***@123.com		地址：	XXX市AAAA区ZZZ号

图 5-18 "Messagelist_user. asp"测试结果（留言显示页面）

 自己动手

1. 设计数据库表

（1）打开"D:\My Site\database\database. accdb"，在"创建"选项卡中，单击"表设计"按钮，建立表"jinxin_message"，表字段要求见表 5-3，表结构如图 5-19 所示。

表 5-3　留言（jinxin_message）表字段要求

字段名称	数据类型	说明	主键值
LY_ID	自动编号	留言编号	主键
LY_title	短文本	留言标题	
LY_user	数字	留言人	
LY_content	长文本	留言内容	
LY_time	日期/时间	留言时间	

（2）LY_user（留言人）要创建留言表与 jinxin_users（会员表）之间一对多的关系。选中"LY_user"字段，在其数据类型下拉列表中选择"查阅向导"选项，出现如图 5-20 所示的对话框。

① 确定查询列或获取其数值的方式。选择"使用查阅列查阅表或查询中的值"单选按钮，单击"下一步"按钮，如图 5-20 所示。

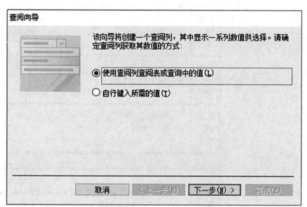

图 5-19　表结构　　　　　　　　图 5-20　查阅向导第 1 步

📖 **小知识**

　　查阅字段的目的是通过限制可输入的值提高查询的准确度，也避免数据输入错误，同时也为表与表之间创建了关系，为以后建立复杂的查询奠定基础。

---

② 请选择为查阅列提供数值的表或查询。如图 5-21 所示，选择"jinxin_users"表，单击"下一步"按钮。

③ 选定字段为查阅列中的数值。将"Users_name"定义为选定字段，如图 5-22 所示，单击"下一步"按钮。

④ 选择排序方式。选定排序字段和排序方式后，单击"下一步"按钮，如图 5-23 所示。

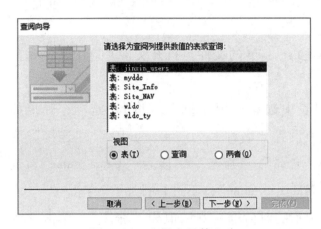

图 5-21 查阅向导第 2 步 　　　　　　　　　　　图 5-22 查阅向导第 3 步

⑤ 指定查阅列中列的宽度。勾选"隐藏键列"复选框，单击"下一步"按钮，如图 5-24 所示。

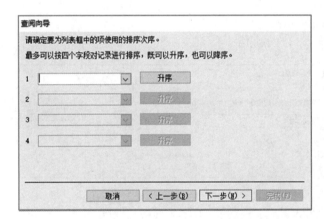

图 5-23 查阅向导第 4 步 　　　　　　　　　　　图 5-24 查阅向导第 5 步

⑥ 为查阅列指定标签。查阅列指定标签为 LY_user，单击"完成"按钮，如图 5-25 所示。出现如图 5-26 所示的提示框，单击"是"按钮，保存表为"jinxin_Message"，查阅向导设置完成后，用户表与留言表建立了一对多的关系。

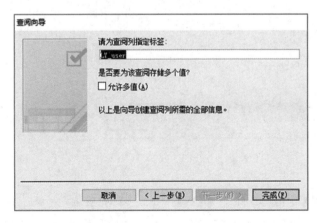

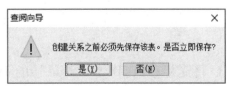

图 5-25 查阅向导第 6 步 　　　　　　　　图 5-26 提示框

2. 设计留言页面

（1）在站点根目录下新建一个名为 Message_user.asp 的文件。打开文件并应用"网站前台模板"到页。

（2）在"绑定"面板中单击 ➕ 按钮，在列表中选择"记录集（查询）"选项，弹出如图 5-27 所示的"记录集"对话框。在对话框中设置"名称"为"rs_userID"，"连接"为"conn"，"表格"为"jinxin_users"，"列"为"全部"，"筛选"字段为"Users_name"，逻辑运算为"="，变量为"阶段变量"，值为"MM_username"，不进行排序。

（3）单击"测试"按钮，出现如图 5-28 所示的对话框，测试值为"张三"，单击"确定"按钮，出现如图 5-29 所示的"测试 SQL 指令"对话框，单击"确定"按钮，返回到"记录集"对话框，单击"确定"按钮，完成记录集绑定。

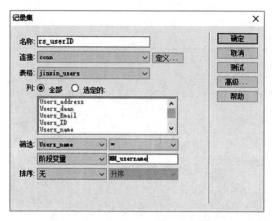

图 5-27 "记录集"对话框

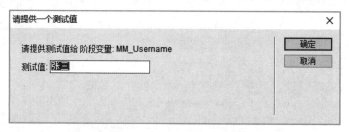

图 5-28 用"张三"来测试记录集

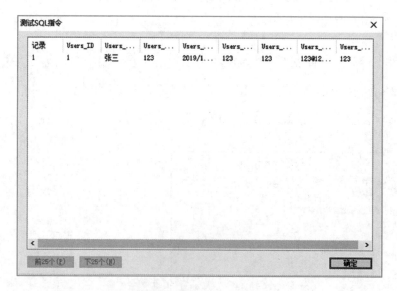

图 5-29 测试结果

（4）将光标移入 ID 为"right"的 DIV 内，选择"插入"→"数据对象"→"插入记录"→"插入记录表单向导"命令，弹出如图 5-30 所示的"插入记录表单"对话框。在对话框中，设置"连接"为"conn"，"插入到表格"为"jinxin_message"，"插入后，转到"为"Messagelist_user. asp"，"表单字段"的设置见表5-4。

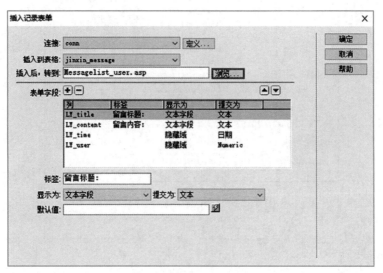

图 5-30 "插入记录表单"对话框

表 5-4 表 单 字 段

列	标签	显示为	提交为	默认值
LY_title	留言标题:	文本字段	文本	
LY_content	留言内容:	文本区域	文本	
LY_time		隐藏域	日期	$<\% = now\%>$
LY_user		隐藏域	数字	$<\% = rs\_userID.\ Fields.\ Item$ $("Users\_ID") .\ Value\%>$

 提个醒

用"插入表单向导"设计插入表单同时插入"插入记录"的服务器行为，速度更快，且不易出错。但不够美观，要对表单进行美化与表单验证。

"$<\% = now\%>$"这段代码就是当前时间，不用修改，传递表单信息而不显示，所以设置为隐藏域。

（5）设置 LY_user 的默认值，单击默认值后方的 图标，选择记录集 rs_userID 中的 Users_ID 字段，单击"确定"按钮，如图5-31所示。

（6）表单验证。选中文本域后，插入"Spry 验证文本域"。在"属性"面板勾选"必需的"复选框，并加入提示的内容。将按钮的"值"修改为"用户留言"，修改表格样式为细线表格，完成用户留言页面制作。

（7）按 F12 键，测试网页。这时因为没有用户登录所以测试不能正常显示，错误提示如下。

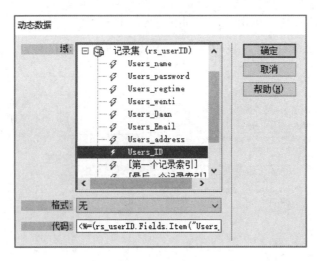

图 5-31　"动态数据"对话框

ADODB.Field 错误 '800a0bcd'

BOF 或 EOF 中有一个是"真",或者当前的记录已被删除,所需的操作要求一个当前的记录。

小知识

JavaScript 可用于数据被送往服务器前对表单中输入的数据进行验证。例如,用户是否已填写表单中的必填项目;用户输入的邮件地址是否合法;用户是否已输入合法的日期;用户是否在数据域中输入了文本等。

Dreamweaver 中可以用"行为"面板中的"检查表单"命令来验证数据,如图 5-32 所示。但它的英文提示信息不是很友好。有用户将其改为中文信息提示,做成了 Dreamweaver 表单验证插件,供大家安装使用。Dreamweaver CS3 以后加入了 Spry 对象,也可以作为表单验证的工具。

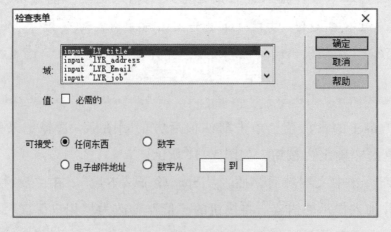

图 5-32　"检查表单"对话框

3. 设计留言显示页面的基本布局

（1）新建"Messagelist_user. asp"网页，打开后，应用"网站前台模板"到页面。

（2）将光标移动到 ID 为"right"的 DIV 中，插入
标签后，插入 3 行 4 列表格，如图 5-33 所示。表格"对齐"设置为"居中对齐"；表格设置为立体表格样式，表格的相应位置输入文字，如图 5-33 所示。

留言标题：		留言人：	
留言内容：			
电子邮件：			

图 5-33　表格结果图

（3）绑定记录集。打开"D:\My Site\database\database. accdb"，单击"创建"选项卡，选择其中的"查询设计"命令。出现如图 5-34 所示的"显示表"对话框，添加"jinxin_users"和"jinxin_message"两个表，然后单击"关闭"按钮。

将"jinxin_message"表最上方的 * 拖动到字段第 1 列，将"jinxin_users"表的"Users_name"拖动到第 2 列，"Users_Email"拖动到第 3 列，"Users_address"拖动到第 4 列，如图 5-35 所示。切换到 SQL 视图，复制 SQL 代码到记录集 SQL 框中。

图 5-34　"显示表"对话框

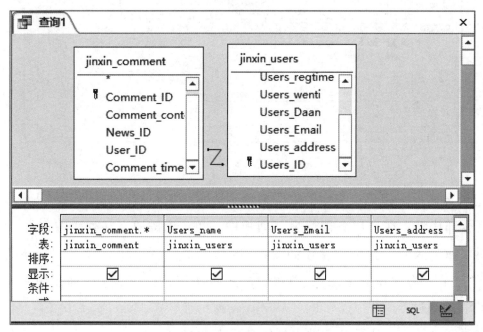

图 5-35　查询设计

SQL 代码如下。

```
SELECT jinxin_message.LY_ID, jinxin_message.LY_title, jinxin_mes-
sage.LY_content, jinxin_users.Users_name, jinxin_users.Users_Email,
jinxin_users.Users_address
FROM jinxin_users INNER JOIN jinxin_message ON jinxin_users.Users_ID
= jinxin_message.LY_user
ORDER BY jinxin_message.LY_time DESC
```

关闭查询，不保存。

（4）在 Dreamweaver 的"绑定"面板中，单击➕按钮，在列表中选择"记录集"选项，在"记录集"对话框中，单击"高级"按钮，切换到复杂视图，如图 5-36 所示。设置"名称"为"rs_message"，"连接"为"conn"，直接把复制的 SQL 代码粘贴到 SQL 框中。测试成功后，单击"确定"按钮。

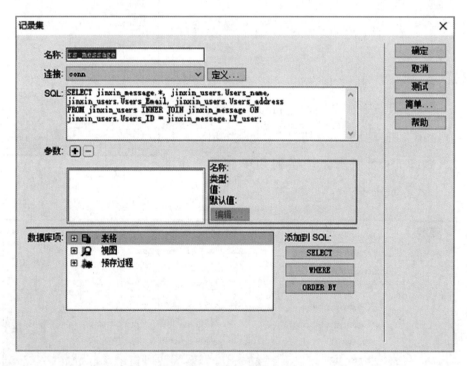

图 5-36 "记录集"对话框

（5）记录集显示。将记录集中的字段拖动到表格相应位置，如图 5-37 所示。选中
标签及表格全部代码，在"服务器行为"面板中，单击➕按钮，在列表中选择"重复区域"选项，出现"重复区域"对话框。在如图 5-38 所示的对话框中，设置"记录集"为"rs_message"，"显示"为"所有记录"，单击"确定"按钮，留言显示页面制作完成。

4. 留言页面测试

从任何页面登录后，从导航条进入到留言页面"Message_user. asp"。输入信息后，单击

"提交留言"按钮，转到留言列表"Messagelist_user.asp"页面，表示留言成功。

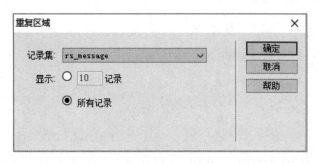

图 5-37 记录集记录显示

图 5-38 "重复区域"对话框

举一反三

留言页面"Message_user.asp"增加一个新功能，登录用户可以访问留言页面并且可以留言，游客访问该页面时转到游客留言页面"Message_user.asp"。

（1）新建"Message_youke.asp"和"Messagelist_youke.asp"文件，套用"网站前台模板"到页。

（2）打开 Message_user.asp 页面，在"服务器行为"面板，单击➕按钮，在"用户身份验证"项中选择"限制对页的访问"选项，出现如图 5-39 所示的"限制对页的访问"对话框，设置"基于以下内容进行限制"为"用户名和密码"，"如果访问被拒绝，则转到"为"Message_youke.asp"，单击"确定"按钮。

图 5-39 "限制对页的访问"对话框

📖 小知识

　　限制对页面的访问实际上是判断用户 Session（"MM_Username"）是否为空，在不空时判断管理级别 Session（"MM_UserAuthorization"）是否有权限，代码如下。

```
<%
'* * * Restrict Access To Page：Grant or deny access to this page//限制访问页面：授予或拒绝访问此页面
MM_authorizedUsers = "" '授权的用户为空
MM_authFailedURL = "Message_youke.asp"
MM_grantAccess = false
If Session("MM_Username") <> "" Then
If (true Or CStr(Session("MM_UserAuthorization")) = "") Or _
(InStr(1,MM_authorizedUsers,Session("MM_UserAuthorization")) >= 1) Then
MM_grantAccess = true
End If
End If
If Not MM_grantAccess Then
MM_qsChar = "?"
If (InStr(1,MM_authFailedURL,"?") >= 1) Then MM_qsChar = "&"
MM_referrer = Request.ServerVariables("URL")
if (Len(Request.QueryString()) > 0) Then MM_referrer = MM_referrer & "?" & Request.QueryString()
MM_authFailedURL = MM_authFailedURL & MM_qsChar & "accessdenied = "& Server.URLEncode(MM_referrer)
Response.Redirect(MM_authFailedURL)
End If
% >
```

　　（3）在 Messagelist_user. asp 文件中同样加入"限制对页的访问"的服务器行为，设置"如果访问被拒绝，则转到"为"Messagelist_youke. asp"，单击"确定"按钮。

任务 3 设 计 游 客 留 言

任务描述

任务 2 中实现了注册用户登录后可以留言，小李觉得没有登录的用户（游客）也应该可以发表自己的观点与看法，游客的留言显示在单独的留言显示页面中，同时可以看到留言内容。

自己动手

1. 数据库修改

打开 D:\My Site\database\database.accdb，双击 jinxin_message 表，打开表。切换到"设计"视图，添加三个字段，见表 5-5。

表 5-5 添加的字段

字段名称	数据类型	说明
LY_user_name	文本	留言人名称
LY_user_Email	文本	留言人电子邮件地址
LY_user_address	文本	留言人地址

2. 游客留言页面

（1）新建 Message_youke.asp 页面，套用前台模板到页。光标移动到 ID 为 right 的 DIV 中。选择"插入"→"数据对象"→"插入记录"→"插入记录表单向导"命令，弹出"插入记录表单"对话框，如图 5-40 所示，设置"连接"为"conn"，"插入到表格"为"jinxin_message"，"插入后，转到"为"Messagelist_youke.asp"，"表单字段"的设置见表 5-6，完成后，单击"确定"按钮。

（2）对所有表单元素进行表单验证，可以选择以上提到的三种方式之中的一种方式，现在用检查表单来实现。选中表单（一般在下部标签中选择 Form#form1），调出"行为"面板。单击 按钮，选择其中的"检查表单"选项，弹出如图 5-41 所示的"检查表单"对话框。在对话框中对表单中的每一项进行检查，其中 LY_user_Email 域的"可接受："为"电子邮件地址"，各表单域"值"勾选"必需的"复选框。修改表格为细线表格样式。按钮的"值"属性修改为"留言"。游客留言页面制作完成。

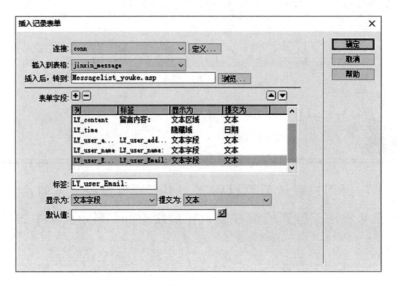

图 5-40　"插入记录表单"对话框

表 5-6　表　单　字　段

列	标签	显示为	提交为	默认值
LY_title	留言标题：	文本字段	文本	
LY_content	留言内容：	文本区域	文本	
LY_ time		隐藏域	日期	$<\%=now\%>$
LY_user_name	留言人：	文本字段	文本	
LY_user_Email	电子邮件：	文本字段	文本	
LY_user_address	联系地址：	文本字段	文本	

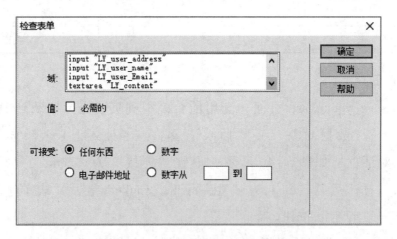

图 5-41　"检查表单"对话框

3. 留言显示页面

（1）新建 Message_youke.asp 页面，套用前台模板到页。光标移动到 ID 为"right"的 DIV 中，插入
标签后，插入 3 行 4 列表格，表格"对齐"设置为"居中对齐"；表格设置为立体表格样式，在表格的相应单元格中输入文字，如图 5-42 所示。

留言标题：		留言人：	
留言内容：			
电子邮件：		地址：	

图 5-42　表格结果图

（2）在 Dreamweaver 的"绑定"面板中，单击➕按钮，在列表中选择"记录集"选项，单击"高级"按钮，切换到复杂视图，如图 5-43 所示。设置"名称"为"rs_message"，"连接"为"conn"，在 SQL 框中输入"SELECT ∗ FROM jinxin_message WHERE not IsNumeric(LY_user) ORDER BY LY_time DESC"。测试成功后，单击"确定"按钮。

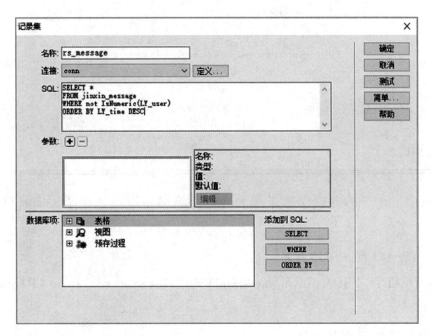

图 5-43　"记录集"对话框

> **📖 小知识**
>
> IsNumeric 函数返回 Boolean 值，指出表达式的运算结果是否为数值。
>
> 语法为 IsNumeric（expression），其中必要的 expression 参数是一个 Variant，包含数值表达式或字符串表达式。
>
> 如果整个 expression 的运算结果为数字，则 IsNumeric 返回 True；否则返回 False。如果 expression 是日期表达式，则 IsNumeric 返回 False。

（3）将记录集中的字段拖动到表格对应位置，如图 5-44 所示。

（4）选中
标签及表格全部代码，在"服务器行为"面板中，单击➕按钮，在列表中选择"重复区域"选项，在出现的如图 5-45 所示的对话框中，设置"记录集"为"rs_ message"，"显示"为"所有记录"，单击"确定"按钮，游客留言显示页面制作完成。

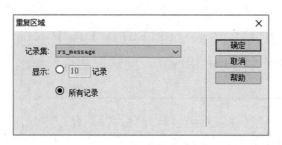

留言标题：	{rs_message.LY_title}	留言人：	{rs_message.LY_user_name}
留言内容：	{rs_message.LY_content}		
电子邮件：	{rs_message.LY_user_Email}	地址：	{rs_message.LY_user_address}

图5-44 记录集记录显示

图5-45 "重复区域"对话框

举一反三

留言越来越多，小李的数据库越来越大，会影响网站运行，小李决定制作批量删除留言的页面。

1. 删除用户的同时删除用户留言

参考代码：DELETE FROM jinxin_message WHERE ly_user=" &Trim（Request. QueryString（"user_ID"））

2. 通过复选框组批量删除留言

参考代码如下。

```javascript
<script language=Javascript>
function checkall(all) //用于所有记录的函数
{
    var a = document.getElementsByName("复选框的名称")
    for (var i=0; i<a.length; i++) a[i].checked = all.checked;
}
</script>
DELETE FROM jinxin_messageWHERE LY_ID in "&Trim(Request.QueryString
("复选框的名称"))
```

任务4　设计通用留言板

任务描述

　　在上述两个任务中，游客与注册用户用不同页面显示和提交留言，留言人的信息通过查询来获取。本次任务中登录用户通过"隐藏域"将用户名、地址、电子邮件等信息传递到留言页面，如图 5-46 所示，而未登录用户通过"文本域"在留言页面直接提交信息，如图 5-47 所示，在同一页面中实现留言与显示留言，登录用户的留言与游客留言可在同一页面

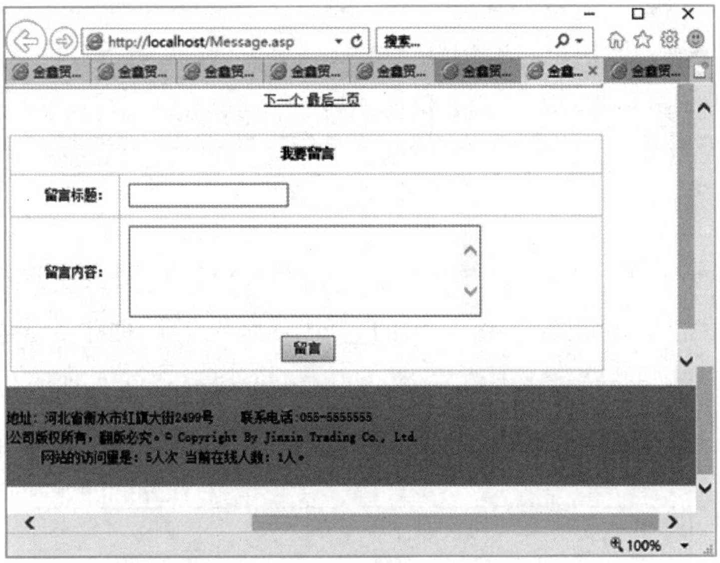

图 5-46　登录用户测试页

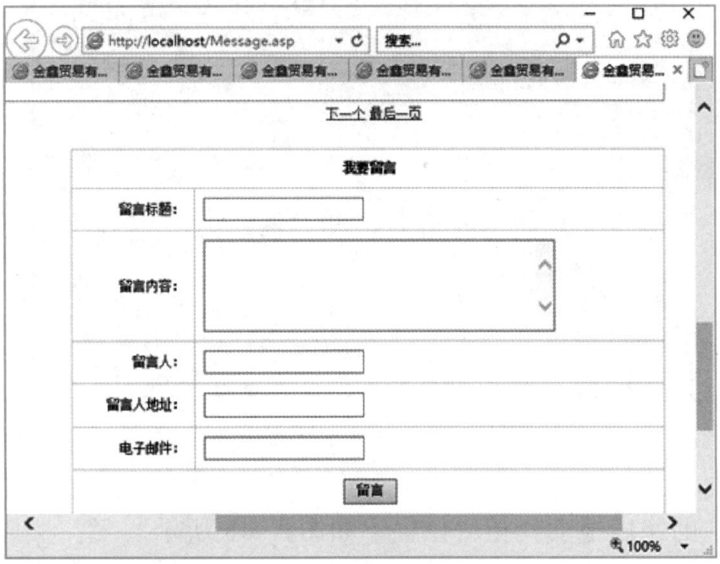

图 5-47　未登录用户测试页

显示。这里用到了显示区域的知识，通过判断"记录集"是否为空来显示不同的区域，表单结构因条件而发生变化。

 自己动手

1. 留言显示表格的设计

（1）新建一个文件 Message.asp，套用模板到页。插入 5 行 4 列的表格，并设计为细线表格，表格中输入文本。表格结构如图 5-48 所示。

用户留言列表			
留言标题:	{rs_message.LY_title}	留言人:	{rs_message.LY_user_name}
留言内容:	{rs_message.LY_content}		
电子邮件:	{rs_message.LY_user_Email}	地址:	{rs_message.LY_user_address}

图 5-48　表格结构

（2）在 Dreamweaver 的"绑定"面板中，单击➕按钮，在列表中选择"记录集"选项，出现"记录集"对话框。在如图 5-49 所示的"记录集"对话框中，设置"名称"为"rs_message"，"连接"为"conn"，"表格"为"jinxin_message"，"列"为"全部"，"筛选"为"无"，"排序"字段为"LY_time"，方式为"降序"，测试成功后，单击"确定"按钮。

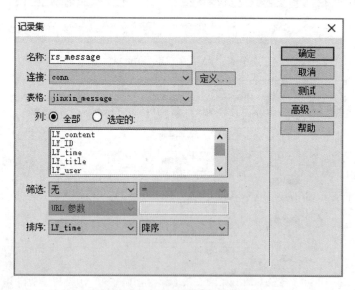

图 5-49　"记录集"对话框

（3）将记录集中的字段拖动到相应位置，如图 5-48 所示。

（4）选择表格的第 2、3、4、5 行，在"服务器行为"面板中，单击➕按钮，在列表中选择"重复区域"选项。在出现的如图 5-50 所示的"重复区域"对话框中，设置"记录集"为"rs_message"，"显示"为"10 条记录"，单击"确定"按钮。

（5）将光标移动到表格后，选择"插入"→"数据对象"→"记录集分页"→"记录集导航条"命令。在弹出的如图 5-51 所示的"记录集导航条"对话框中，设置"记录集"为"rs_message"，"显示方式"为"文本"，单击"确定"按钮。

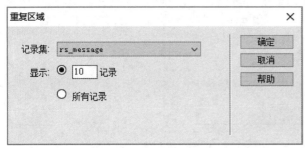
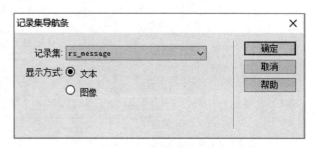

图 5-50 "重复区域"对话框   图 5-51 "记录集导航条"对话框

2. 制作留言表单

（1）在"记录集导航条"下方，插入表单，表单内插入 7 行 2 列表格，设置为细线表格。在表格中插入与数据项相对应的 Spry 验证域，并做相应验证，如图 5-52 所示。

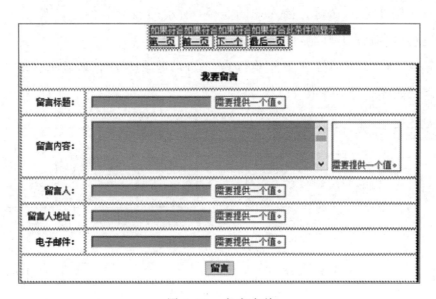

图 5-52 留言表单

（2）绑定一个记录集，如图 5-53 所示，具体操作参考用户留言部分。在表单内"留言"按钮上方的<tr></tr>标签中间，在"代码"视图下插入 4 个隐藏域，域"name"属性分别设置为"LY_user_name""LY_user_address""LY_user_email""LY_user"；域"value"分别设置为"<% = (rs_id. Fields. Item（"Users_name"）. Value)% >""<% = (rs_id. Fields. Item（"Users_address"）. Value)% >""<% = (rs_id. Fields. Item（"Users_Email"）. Value)% >"

"<% = (rs_ID. Fields. Item （"Users_ID"） . Value) % >"。

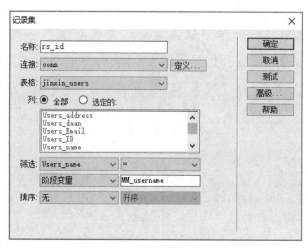

图5-53　"记录集"对话框

 提个醒

　　4个隐藏域与前4个表单域名称是相同的，如果在"设计"视图下操作，表单域会重新命名，这样插入记录时会出现错误。

　　（3）选中4个隐藏域所在行，插入如图5-54所示的服务器行为"如果记录集不为空则显示区域"，也就是已登录用户显示内容。

　　（4）选中第4、5、6行，插入服务器行为"如果记录集为空则显示区域"，也就是未登录用户显示内容，如图5-55所示。

图5-54　"如果记录集不为空则显示区域"对话框　　图5-55　"如果记录集为空则显示区域"对话框

　　（5）按F12键，测试网页，未登录时，测试结果如图5-47所示，登录后，测试结果如图5-46所示。

 举一反三

　　在留言板中增加留言回复功能。通过留言和回复功能，能提供给用户一个表达和沟通的入口，增加用户黏性。最重要的是在与客户进行互动的过程中了解目标客户的真正需求，从而将企业自身的产品以更好的形式展现在用户的眼前。

（1）在"jinxin_message"表中，增加管理员回复字段名称"ly_hf"，数据类型为"短文本"，说明为"管理员回复"。

（2）在留言管理页面上添加"管理员回复"文本，并为它增加"转到详细页面"的服务器行为，具体操作如图 5-56 所示。

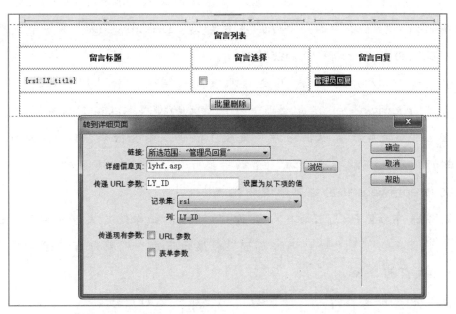

图 5-56　页面内容及"转到详细页面"对话框

（3）在"admin"文件夹下新建 LYHF. asp 文件，套用"后台模板"到页面。添加一个名为 rs1 的记录集，记录集连接为"conn"，表格为"jinxin_message"，筛选字段为"LY_ID"，变量是"URL"，值为"LY_ID"。通过"更新记录表单向导"为文件加入修改记录表单及更新记录的服务器行为，具体操作如图 5-57 所示。

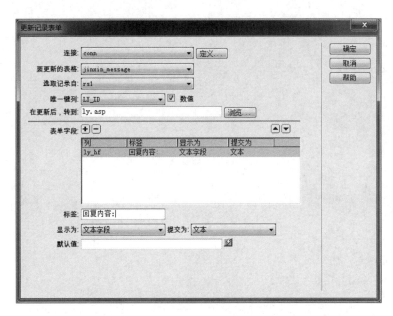

图 5-57　"更新记录表单"对话框

 知识拓展

　　Dreamweaver "应用程序" 面板组包括 "数据库" "绑定" 和 "服务器行为" 三个面板。开发动态网页时 "数据库" 面板用来连接数据库，"绑定" 面板用来绑定 "记录集（查询）" 和 "阶段变量"，"服务器行为" 面板用来添加各种服务器行为。

　　在 "服务器行为" 面板中选择一个服务器行为，Dreamweaver 将一个或多个代码块插入到页面，以使服务器行为可以行使其功能。

　　如果手动更改代码块中的代码，则无法再使用 "绑定" 和 "服务器行为" 等面板编辑服务器行为。Dreamweaver 在页代码中查找特定的模式，以检测服务器行为并在 "服务器行为" 面板中显示它们。以任何方式更改了代码块中的代码，Dreamweaver 将无法再检测服务器行为及在 "服务器行为" 面板中显示它。但是，服务器行为仍存在于该页面上，可以在 Dreamweaver 的编码环境中编辑。

　　常用的服务器行为包括 "记录集（查询）" "插入记录" "更新记录" "删除记录" "重复区域" "记录集分页" "转到详细页面" "显示区域" "用户身份验证" "转到详细页面" "转到相关页面" 等。

　　当 "绑定" 和 "服务器行为" 等面板代码出现错误时有错误提示，通过双击可以修改与编辑。

创建新闻发布系统

　　新闻发布是企业网站中常用的功能，它的一个基本作用就是为企业提供信息发布的平台，使用 ASP 技术可以动态生成新闻页面，可以使新闻的发布和管理变得很轻松。管理员只需设置标题、内容等新闻信息元素就可以了，系统将自动生成对应的网页；使用 Access 数据库，减轻了维护人员的工作量，使系统便于维护和管理。

任务 1　发布和编辑新闻

任务描述

　　为了促进产品销售，公司不断推出一些新的举措，小李又接到新的任务，即设计一个新闻发布系统，将公司每天的新闻都在网上进行发布，方便用户了解企业的发展状况。

自己动手

　　1. 制作后台登录页面

　　（1）在"admin"文件夹下新建三个文件，分别是 index. asp、login. asp、login-f. asp。分别打开文件 index. asp、login-f. asp，应用"网页后台模板"到页。

　　（2）打开 login. asp，在 <html> 标签加入代码"style=" height：100%""，在 <body> 标签内加入代码"style="height：100%""。先插入一个 1 行 1 列的表格，设置宽度为 100%，高度为 100%，水平居中对齐，垂直居中对齐。在表格内插入表单，表单内插入顶部页眉的 5 行 2 列的细线表格。参考项目 5 中的用户登录步骤制作登录表单，第 4 行第 1 列加入文本"确认密码:"，第 2 列加入 Spry 确认文本域，如图 6-1 所示。

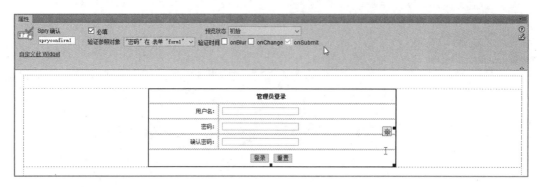

图 6-1　登录表单及 Spry 确认文本域属性

> ## 📖 小知识
>
> 　　为了让登录表格处于网页中心位置，需要设置其父表格（或 DIV）的高度、宽度与网页大小相同，然后让登录表格相对于父表格（或 DIV）水平居中对齐、垂直居中对齐即可。表格宽度与网页大小相同很好实现，让表格宽度为 100% 即可。实现表格高度与网页大小相同要做相应修改。
>
> 　　一个对象高度是否可以使用百分比显示，取决于对象的父一级对象，table 在 body 之中，因此它的父一级是 body，而浏览器在标准模式下，是没有给 body 一个高度属性的，因此当设置 "height：100%" 时，不会产生任何效果（内容根据高度自适应），而当 body 设置为 100% 之后（相对于 html 标签），它的子级对象 table 的 "height：100%" 便发生作用了，Firefox 浏览器中的 html 标签不是 100% 高度，因此给两个标签都定义为 "height：100%"，以保证不同浏览器下均能够正常显示。
>
> 　　解决方案：
>
> 　　（1）为 <html> 与 <body> 标签添加 100% 的高度属性。<html> 改为 <html style = "height：100%">，<body> 修改为 <body style = "height：100%">。
>
> 　　（2）通过删除 <! DOCTYPE> 定义标准通用标记语言解析的标签来实现。删除 <! DOCTYPE> 标签后，body 与 html 默认为网页高度，直接将表格的高度属性修改为 100% 就可以实现。

　　（3）连接 "Site_admin. accdb" 数据库。在 "数据库" 面板中，单击 ➕ 按钮，选择 "自定义连接字符串" 选项，在弹出的 "自定义连接字符串" 对话框中，设置 "名称" 为 "conn_admin"，"连接的字符串" 为 "Provider = microsoft. ACE. oledb. 12. 0；Data Source = D:\My Site\database\Site_admin. accdb"，测试成功后，单击 "确定" 按钮。

　　（4）在 "服务器行为" 选项卡中，单击 ➕ 按钮，在列表中选择 "用户身份验证" 项下的 "登录用户" 选项。在出现的如图 6-2 所示的 "登录用户" 对话框中，设置 "从表单获取输入"为"form1","用户名字段"为"用户名","密码字段"为"密码","使用连接验证"为"conn_admin","表格"为"Site_admin","用户名列"为"Admin_name","密码列"为"Admin_password","如果登录成功,转到"为"index. asp","如果登录失败,转到"为"login-f. asp"。"基于以下项限制访问"为"用户名和密码",单击"确定"按钮。在"代码"视图下,找到"Session("MM_Username")＝MM_valUsername"代码,改写为"Session("MM_Admin_name")＝MM_valUsername"。

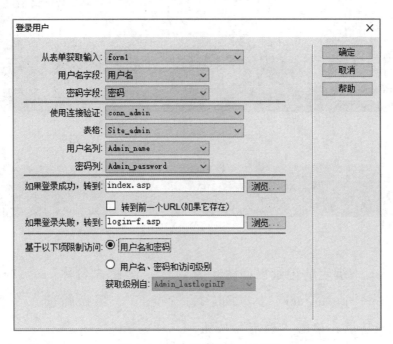

图 6-2　"登录用户"对话框

(5)切换到"login-f. asp",在 ID 为"right"的 DIV 中输入文字"你输入的用户名或密码错误,请重新登录!"。"登录"两个文字加入超链接,链接到"login. asp"网页。

(6)打开"网站后台模板",在 Header 标签中输入如下代码:<% If Session. MM_Admin_name<>"" Then % >｛Session. MM_Admin_name｝你好欢迎光临我的首页<% End If% >,选择"保存全部"命令,完成管理员登录页面的制作,选择管理员登录页面 login. asp,按 F12 键测试。

2. 设计新闻与信息表

打开 D:\My Site\database\database. accdb,创建一个新闻与信息表(jinxin_news)。表的字段、数据类型、说明及主键设置见表6-1。

3. 新闻后台管理

(1)创建 news. asp、news_add. asp、news_del. asp、news_modify. asp 4 个页面,全部应用"网站后台模板"到每个页面,结果如图6-3所示。

表 6-1　新闻与信息表

字段名	数据类型	说明	主键
News_ID	自动编号	新闻编号	主键
News_title	短文本	新闻标题	
News_content	长文本	新闻内容	
News_time	时间/日期	发布时间	
News_hits	数字	点击数	

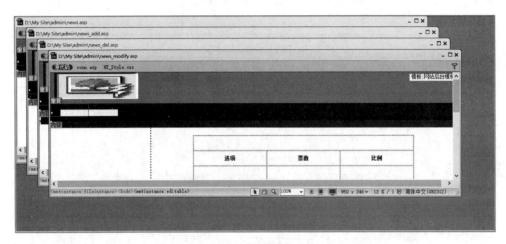

图 6-3　应用模板到页

（2）在 news.asp 中绑定的记录集如图 6-4 所示，设置"名称"为"rs1"，"连接"为"conn"，"表格"为"jinxin_news"，"列"为"全部"，不做筛选，"排序"为"News_time"降序，测试成功后，单击"确定"按钮。

（3）news_del.asp、news_modify.asp 两个页面绑定的记录集如图 6-5 所示，设置"名称"为"rs1"，"连接"为"conn"，"表格"为"jinxin_news"，"列"为"全部"，"筛选"为"News_ID；=；URL 参数；News_ID"，不做排序。

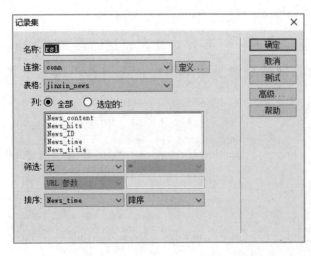

图 6-4　news.asp 页面绑定的记录集

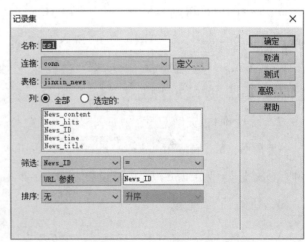

图 6-5　news_del.asp、news_modify.asp
页面绑定的记录集

小知识

> 如果两个页面绑定的记录集相同，可以在已经绑定的记录集页面的"绑定"面板中，选择记录集，右击，在弹出的快捷菜单中选择"拷贝"命令，在另一个页面的"绑定"面板的空白处右击，在弹出的快捷菜单中选择"粘贴"命令，实现记录集的复制。要想把记录集移动到另一个页面，则可以通过"剪切"与"粘贴"的操作来实现。

（4）切换到 new_add.asp 页面，在 ID 为 right 的 DIV 中，选择"插入"→"数据对象"→"插入记录"→"插入记录表单向导"命令。在弹出的如图 6-6 所示的"插入记录表单"对话框中，设置"连接"为"conn"，"插入到表格"为"jinxin_news"，"插入后，转到"为"news.asp"，保留三个表单字段，按表 6-2 所示设置，单击"确定"按钮，新闻添加页面制作完成。

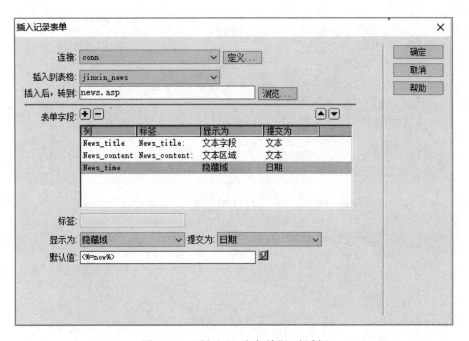

图 6-6 "插入记录表单"对话框

表 6-2 表 单 字 段

列	标签	显示为	提交为	默认值
News_title	新闻标题：	文本字段	文本	
News_content	新闻内容：	文本区域	文本	
News_time		隐藏域	日期/时间	$<\%=now\%>$

（5）切换到 news.asp 页面，在 ID 为 right 的 DIV 中，插入 2 行 4 列、顶部标题的表格。第一行输入对应文本，将记录集对应字段拖动到第二行，如图 6-7 所示。

图6-7 表布局

（6）选定"修改"两个字符，加入"转到详细页面"服务器行为，如图6-8所示，设置"链接"为"修改"，"详细信息页"为"news_modify.asp"，"传递URL参数"为"News_ID"，"记录集"为"rs1"，"列"为"News_ID"，单击"确定"按钮。选中"删除"两个字符，加入"转到详细页面"服务器行为，设置"详细信息页"为"news_del.asp"，单击"确定"按钮，如图6-9所示。

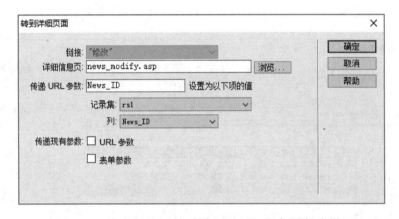

图6-8 "修改"的"转到详细页面"服务器行为设置

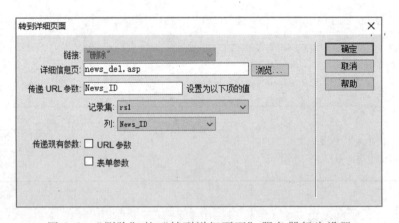

图6-9 "删除"的"转到详细页面"服务器行为设置

（7）在图6-7中选中表格第2行（在标签栏中<tr>），插入如图6-10所示的"重复区域"服务器行为，设置"记录集"为"rs1"，"显示"为"10条记录"，单击"确定"按钮。

（8）最后在"插入"菜单中，选择"记录集导航条"命令。在如图6-11所示的"记录集导航条"对话框中,设置"记录集"为"rs1","显示方式"为"文本",单击"确定"按钮。新闻列表页面制作完成。

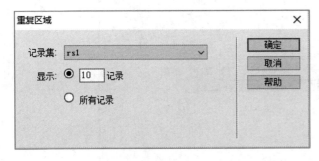

图 6-10 "重复区域"对话框

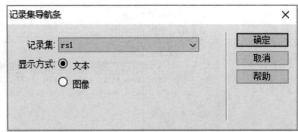

图 6-11 "记录集导航条"对话框

(9)切换到 news_del.asp,在 ID 为 right 的 DIV 中,插入表单,表单内插入文字"你确定要删除标题为的新闻吗?"。添加两个按钮,一个类型为"提交",值为"确定",另一个"类型"为"无",值是"返回"。"返回"按钮加入"转到 URL"的行为,URL 为"news.asp"。在"服务器行为"面板插入"删除记录"的服务器行为,在弹出的如图 6-12所示的"删除记录"对话框中,设置"连接"为"conn","从表格中删除"为"jinxin_news","选取记录自"为"rs1","唯一键列"为"News_ID","提交此表单以删除"为"form1","删除后,转到"为"news.asp",完成后,单击"确定"按钮。

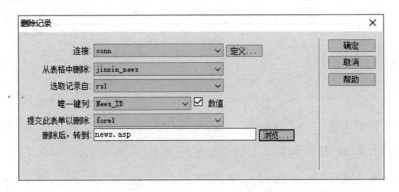

图 6-12 "删除记录"对话框

(10)在 news_modify.asp 中,在"插入"菜单中选择"数据对象"→"更新记录"→"更新记录表单向导"命令,出现如图 6-13 所示的"更新记录表单"对话框。在对话框中设置"连接"为"conn","要更新的表格"为"jinxin_news","选取记录自"为"rs1","唯一键列"为"News_ID","在更新后,转到"为"news.asp","表单字段"按表 6-3 设置,完成后,单击"确定"按钮。

(11)选择"文件"→"保存全部"命令,从添加新闻 news_add.asp 页面开始测试。

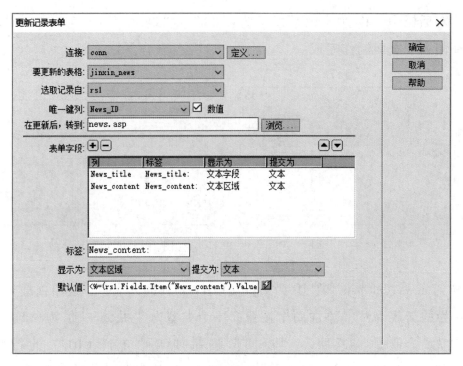

图6-13　"更新记录表单"对话框

表6-3　表单字段

列	标签	显示为	提交为	默认值
News_title	新闻标题:	文本字段	文本	< % =（rs1. Fields. Item（" News_title"）. Value）% >
News_content	新闻内容:	文本区域	文本	< % =（rs1. Fields. Item（" News_content"）. Value）% >

 小知识

　　通过更新记录表单向导可以快速地建立表单，并通过查询找到要修改的记录，修改相应的记录值。运行更新记录表单向导，首先要绑定一个唯一键的记录集，记录集各项为表单赋值，通过表单对记录集的各字段值进行更新的操作。应用程序对象可以选择要包括在该表单中的域名称、更新的列、字段标签以及选择要插入的表单对象的类型、提交的数据类型及默认值等。更新记录表单向导可以建立表单同时为页面加入更新记录的服务器行为。

举一反三

　　为了显示企业简介、企业荣誉、联系信息、企业资质等企业信息，小李决定创建一个企业信息及管理页面。与新闻系统相近，企业信息也要由数据库表来储存，由企业信息的列表、添加页面、删除页面和修改页面组成。

（1）创建企业信息表。企业信息表结构见表6-4。

表6-4　企业信息表（Jinxin_about）

字段名	数据类型	说明	主键
About_ID	自动编号	信息编号	主键
About_title	文本	信息标题	
About_content	备注	信息内容	
About_time	时间/日期	发布时间	

（2）在 Admin 文件夹下新建 about_list. asp、about_add. asp、about_del. asp、about_modi-fy. asp 4 个网页，应用"网站后台模板"到页。

（3）同样按照新闻系统的制作步骤做出企业信息列表、企业信息的添加、企业信息的删除与修改 4 个网页。具体操作可以参照表6-5 所列项目执行。

表6-5　各页面的操作

页面名称	记录集	服务器行为
about_list. asp	表为 Jinxin_about，不做筛选，用编号排序	转到详细页面，重复区域，记录集导航条
about_add. asp		插入记录表单向导
about_del. asp	表为 Jinxin_about，筛选用修剪的 URL 参数，名称为 About_ID	删除记录
about_modify. asp	表为 Jinxin_about，筛选用修剪的 URL 参数，名称为 About_ID	更新记录表单向导

（4）保存所有页面后，从企业信息添加页面（about_add. asp）开始测试，结果如图6-14 ~ 图6-17 所示。

图6-14　about_add. asp 测试结果

图 6-15　about_list. asp 测试结果

图 6-16　about_del. asp 测试结果

图 6-17　about_modify. asp 测试结果

任 务 2　制 作 热 点 新 闻

　任务描述　

　　小李完成了新闻的后台管理后，着手准备制作首页的最新新闻、新闻热点模块与新闻详

细显示页面，如图 6-18 和图 6-19 所示。小李计划将未超过 48 小时的新闻用图片标记为最新，点击数超过 100 的新闻用图片标记为热点。如果新闻标题长于 25 个字符，则不完全显示，以使页面显示更整齐一致。新闻详细信息页面则要展示新闻标题、点击数、发布时间及新闻的内容等信息。

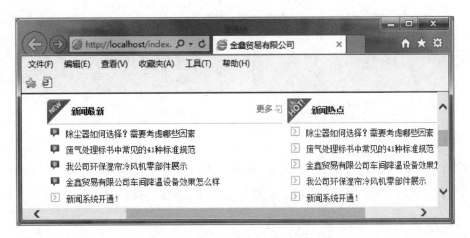

图 6-18　index.asp 新闻模块测试结果

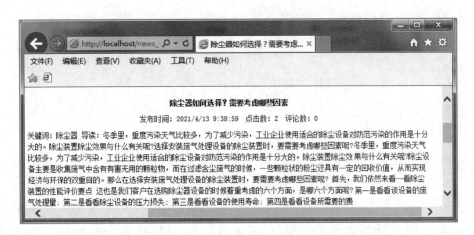

图 6-19　新闻详细页面

 **自己动手**

1. 最新新闻的制作

（1）在网站首页（index.asp）插入定位表格，构建容纳最新新闻和新闻热点的两个栏目。绑定两个记录集 rs_new（如图 6-20 所示）、rs_hot（如图 6-21 所示），设置"连接"为"conn"，"表格"为"jinxin_news"，排序方式分别为 News_time 和 News_hits。

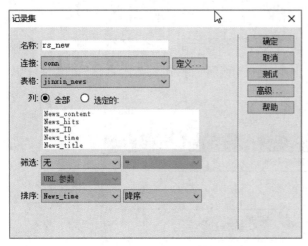

图 6-20　记录集 rs_new

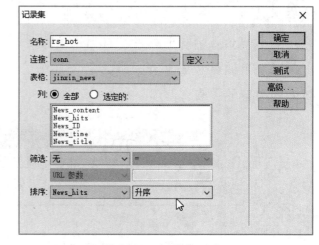

图 6-21　记录集 rs_hot

（2）将两个记录集中的新闻标题字段 News title 分别拖动到最新新闻与新闻热点表格的第 1 行，选中行，执行"重复区域"服务器行为，记录集分别选中"rs_new"和"rs_hot"，显示 8 条记录，如图 6-22 和图 6-23 所示。

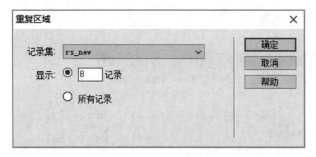
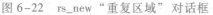

图 6-22　rs_new"重复区域"对话框

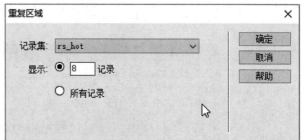

图 6-23　rs_hot"重复区域"对话框

 提个醒

　　用 SELECT TOP 8 * FROM jinxin_news 可以查询出前 8 条记录，这样查询出来如果排序字段相同，则显示多于 8 个记录，所以不能用这个查询，而是在重复区域中规定显示的记录数。

（3）为了表现最新的新闻和新闻热点，用不同图片来标记不同类型的新闻，代码如下。新闻热点显示代码：

```
<% If (rs_hot.Fields.Item("News_hits").Value)>100 Then
Response.Write("<img src=images/hot.gif width=13 height=13 />")
Else
Response.Write("<img src=images/arr.gif width=13 height=13 />")
End If
%>
```

最新新闻显示代码：

```
<% If datediff("h",rs_new.Fields.Item("News_time").Value,now)<48
Then
Response.Write("<img src=images/new.gif width=13 height=13 />")
Else
    Response.Write("<img src=images/arr.gif width=13 height=13 />")
End If %>
```

（4）按 F12 键，测试后，发现有些新闻标题过长，会撑破原有的容器，这样就要用 len 函数判断变量字符串长度，并用 Left 函数来截取一定长度的（25 个字符）字符串。

```
<% If len(rs_new.Fields.Item("News_title").Value)<26 Then '新闻标题字
符串少于 26 个字符
    Response.Write(rs_new.Fields.Item("News_title").Value)
else
    Response.Write(Left(rs_new.Fields.Item("News_title").Value,
24)&"...")
End If %>
```

（5）选中新闻标题，添加"转到详细页面"的服务器行为，转到页面为 news_ show.asp，按 F12 键测试，结果如图 6-18 所示。

> 📖 **小知识**
>
> ASP 常用的字符串函数
>
> （1）InStr 函数：查找某字符串在另一字符串中第一次出现的位置。
>
> 用法：newstart＝InStr（[start,] source, token [, compare]）
>
> 其中 newstart 是返回的"source"在字符串中的位置（如果没有，则为 0），start 是查找的起始位置，source 是要查找的字符串，token 是要定位的字符串，compare 是比较类型（0 表示二进制比较，1 表示忽略大小写的文本比较）。
>
> （2）Left 函数：从字符串的起始处提取指定数目的字符。
>
> 用法：result＝Left（string, length）
>
> 其中 result 提取到的字符（串），string 是有效的字符串表达式，length 表示要提取的字符长度。

（3）Len 函数：确定字符串的长度或存储这个字符串字节变量的空间。

用法：result＝Len（string｜varname）

其中，result 是字符数或存储这个字符串所需的字节数，string 是该字符串表达式，varname 是字符串变量名称。

（4）Mid 函数：从字符串的某个位置复制指定数目的字符。

用法：result＝Mid（string，start［，length］）

其中，result 是结果字符串，string 是要从中复制字符的表达式，start 是 string 中复制的起始位置，length 是要复制的字符数。

（5）Right 函数：从字符串的尾部提取指定数目的字符。

用法：result＝Right（string，length）

其中 result 是提取出的字符串，string 是原字符串表达式，length 是表示要提取的字符串长度。

（6）Trim 函数：复制字符串并去掉首尾的空格。

用法：result＝Trim（string）

其中，result 是去掉空格后的字符串，string 是要去掉空格的有效字符串表达式。

2. 新闻的详细信息页面

（1）在站点根目录下，新建一个文件 news_show. asp，应用"网站前台模板"到页，在 ID 为"right"的 DIV 中，插入 3 行 1 列、顶部标题的表格。

（2）绑定一个记录集，如图 6-24 所示，设置"名称"为"rs1"，"连接"为"conn"，"表格"为"jinxin_news"，"列"为"全部"，"筛选"字段为"News_ID"，运算符为"＝"，传递参数为"URL 参数"，参数值为"News_ID"，排序为无。

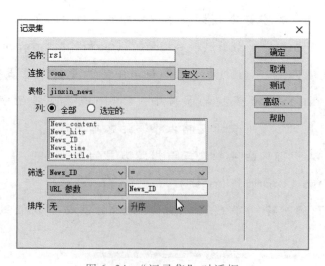

图 6-24　"记录集"对话框

（3）将记录集中的字段拖放到相应位置，具体位置参考如图 6-19 所示。

（4）新闻点击数统计。在页面中插入"命令"服务器行为，设置"连接"为"conn"，"类型"为"更新"，SQL 为 "" UPDATE jinxin_news SET News_hits＝News_hits＋1 WHERE News_ID ＝" &rs1 ＿ MMColParam"。产生的代码如下。

```
<%
Set Com1 = Server.CreateObject ("ADODB.Command")
Com1.ActiveConnection = MM_conn_STRING
Com1.CommandText = "UPDATE jinxin_news SET News_hits=News_hits+1
WHERE News_ID ="&rs1__MMColParam
Com1.CommandType = 1
Com1.CommandTimeOut = 0
Com1.Prepared = true
Com1.Execute()
%>
```

 提个醒

　　rs1 ＿ MMColParam 这个变量是绑定记录集 rs1 时定义的，值是从 URL 参数 news_ID 获得。以上代码必须在绑定记录集后才能使用。

（5）保存网页。从首页（index.asp）测试，单击新闻标题会转到新闻的详细页面，刷新页面，点击数增加，如图 6-19 所示。

 举一反三

　　热点与最新新闻制作完成后，不能全部展示所有的新闻。小李决定制作新闻列表页面（news.asp），如图 6-25 所示，用来显示全部的新闻标题，并通过新闻标题来查看所有的新闻，这里要用到记录集分页知识。

（1）在站点根目录下，新建新闻列表文件 news.asp，应用前台模板到页，在 ID 为 right 的 DIV 中插入 2 行 2 列的细线表格，顶部标题，如图 6-26 所示。

（2）绑定名为 rs1 的记录集，如图 6-27 所示，设置"连接"为"conn"，"表格"为"jinxin_news"，不做筛选，用"News_time"降序排序。将记录集中的 News_title 拖动到第 2 行第 1 列，News_time 拖动到第 2 行第 2 列。

图6-25　新闻列表页面

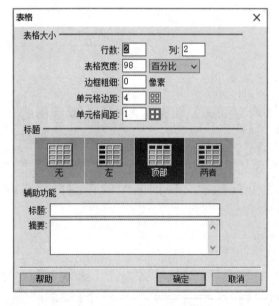

图6-26　"表格"对话框

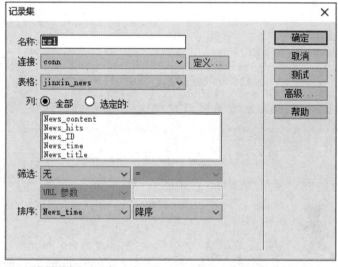

图6-27　"记录集"对话框

（3）选中第2行（选择标签栏的<tr>标签），单击"服务器行为"面板的➕按钮，在弹出的列表中选择"重复区域"选项，弹出如图6-28所示的"重复区域"对话框。在对话框中设置"记录集"为"rs1"，显示20条记录，单击"确定"按钮。

（4）选择"插入"→"数据对象"→"记录集分页"→"记录集导航条"命令，弹出如图6-29所示的对话框。设置"记录集"为"rs1"，"显示方式"为"文本"。单击"确定"按钮。

（5）按F12键测试网页，结果如图6-25所示。

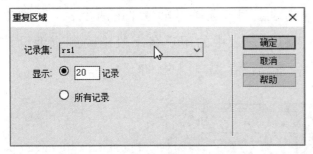

图 6-28 "重复区域"对话框　　　　图 6-29 "记录集导航条"对话框

小知识

　　插入"记录集导航条"后将创建一个包含文本或图像链接的表格。用户可以通过单击这些链接浏览所选记录集。当显示记录集中的第一条记录时，会隐藏第一个和前一个链接或图像。当显示记录集中的最后一条记录时，会隐藏下一个和最后一个链接或图像。

　　加入记录集导航条前，必须为动态数据添加重复区域才能构成完整的分页功能。

任务3　制作新闻评论

任务描述

　　为了提高网站的互动性，公司领导让小李增加新闻评论功能。小李决定把评论信息写入数据库，登录用户可以提交自己对新闻的评论，并显示在阅读新闻页面下方。

自己动手

1. 设计新闻评论数据库表及查询

（1）评论表（jinxin_comment）结构见表 6-6。

表 6-6　评论表结构

字段名	数据类型	说明	主键
Comment_ID	自动编号	评论编号	主键
Comment_content	长文本	评论内容	
News_ID	查阅向导（jinxin_news）	评论新闻	
User_ID	查阅向导（jinxin_users）	评论用户	
Comment_time	日期/时间	评论时间	

（2）"用户评论"查询设计，使用查询向导创建查询，选择用户与评论两个表，将评论中所有字段（*）拖动到查询设计区的第1列，将用户表中的用户名字段拖动到查询设计区的第2列，如图6-30所示，完成查询的设计，查询保存为"用户评论"。

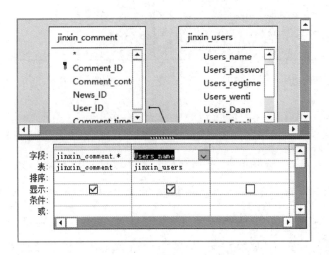

图6-30 "用户评论"查询设计

2. 显示评论数

（1）打开news_show.asp页面，加入文字"评论数:"，如图6-31所示。

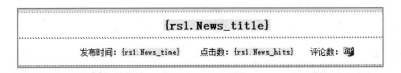

图6-31 加入"评论数:"后的页面布局

（2）绑定记录集"rs_user"。在如图6-32所示的对话框中，设置"名称"为"rs_user"，"连接"为"conn"，"表格"为"jinxin_users"，"列"为"全部"，"筛选"为"Users_name"，运算符为"="，变量类型为"阶段变量"，变量名为"MM_username"，单击"确定"按钮。

（3）绑定记录集"rs_pinglun"。在如图6-33所示的对话框中，设置"名称"为"rs_pinglun"，"连接"为"conn"，"表格"为"用户评论"，"列"为"全部"，"筛选"为"News_ID，运算符为=，参数类型为URL参数，参数名为News_ID"，单击"确定"按钮。

（4）将记录集"rs_pinglun"的总记录数拖动到"评论数:"文本后方。

3. 设计评论表单

选择"插入"→"数据对象"→"插入记录"→"插入记录表单向导"命令，在弹出的如图6-34所示的"插入记录表单"对话框中，设置"连接"为"conn"，"插入到表格"为"jinxin_comment"，"插入后，转到"为"#"，"表单字段"设置见表6-7，单击"确定"按钮。

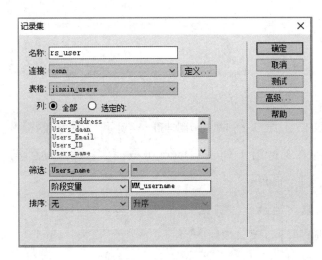

图 6-32　rs_user"记录集"对话框

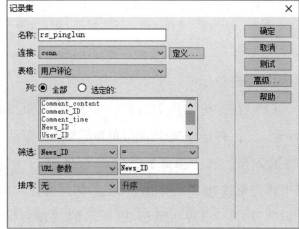

图 6-33　rs_pinglun"记录集"对话框

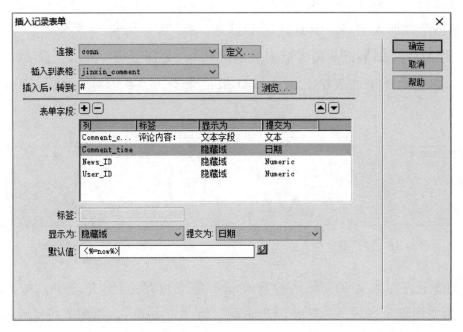

图 6-34　"插入记录表单"对话框

表 6-7　表单字段设置

列	标签	显示为	提交为	默认值
Comment_content	评论内容	文本区域	文本	
Comment_time		隐藏域	日期	< % = now% >
News_ID		隐藏域	Numeric	< % = Request. QueryString (" News_ID") % >
User_ID		隐藏域	Numeric	< % = rs_user. Fields. Item (" Users_ID") . Value% >

提个醒

"插入后，转到"设置为"#"，这是一个锚链接，"#"后不加锚内容则表示刷新页面。

4. 评论显示

（1）在评论表单下方插入 2 行 2 列细线表格，第 1 行两列分别插入文字"评论内容""评论人"，将记录集"rs_pinglun"字段拖动到第 2 行第 1 列，"Users_name"字段拖动到第 2 行第 2 列。选中第 2 行，在"服务器行为"面板中单击 **+** 按钮，在弹出的列表中，选择"重复区域"选项。出现如图 6-35 所示的"重复区域"对话框，设置"记录集"为"rs_pinglun"，"显示"为"所有记录"，单击"确定"按钮。

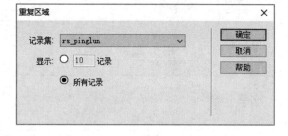

图 6-35　显示评论的重复记录

（2）在表格下方加入文字"没有评论"并选中，加入服务器行为"如果记录集为空则显示区域"，如图 6-36 所示，设置"记录集"为"rs_pinglun"。在显示评论的表格上加入"如果记录不为空则显示区域"服务器行为，如图 6-37 所示。

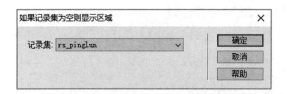

图 6-36　评论为空

图 6-37　评论不为空

（3）在表格上方加入文字"你还没有登录不能进行评论！"并选中，加入服务器行为"如果记录集为空则显示区域"，设置"记录集"为"rs_user"，如图 6-38 所示。选中评论的表单，加入"如果记录集不为空则显示区域"服务器行为，如图 6-39 所示。

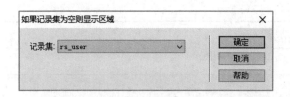

图 6-38　用户为空

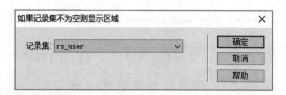

图 6-39　用户不为空

（4）这样就完成了新闻详细页面的制作，保存全部页面后，从新闻列表页面开始测试，结果如图 6-40 所示。

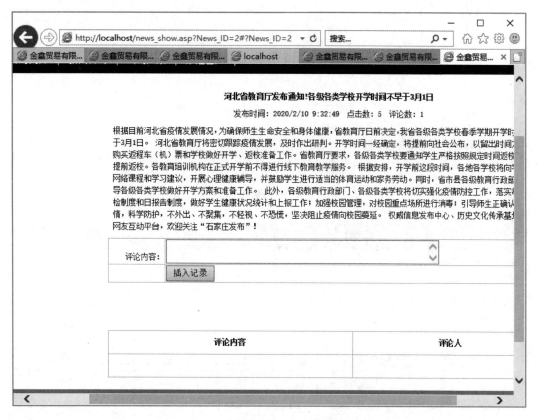

图 6-40　新闻详细页面测试结果

对新闻进行评论后，数据一直存放在数据库中，如果发表了不当的言论，不想让别人看到就要删除自己的评论。小李决定实现这项功能，如图 6-41 所示。

（1）打开新闻展示页（news_show.asp），在显示评论的第 2 行加入代码"< % If Session（"MM_username"）= rs_pinglun. Fields. Item（"Users_name"）. Value Then% > < a href = "？News_ID = < % =（rs_pinglun. Fields. Item（"News_ID"）. Value）% >&Comment_id = < % =（rs_pinglun. Fields. Item（"Comment_ID"）. Value）% > ">删除</a> < % Else% > < % End If% >"，意思是如果登录的用户名与 rs_pinglun 的 Users_name 字段相同，也就是自己的评论，就显示一个删除的链接。链接的位置是本页加入了一个 URL 参数来传递信息。

（2）在"服务器行为"面板，单击"命令"按钮，在弹出的如图 6-42 所示的"命令"对话框中，设置"名称"为"scpl"，"连接"为"conn"，"类型"为"删除"，在"数据库项"框中选中 jinxin_comment 表，单击 DELETE 按钮，选中 Comment_ID 字段，单击 WHERE 按钮。

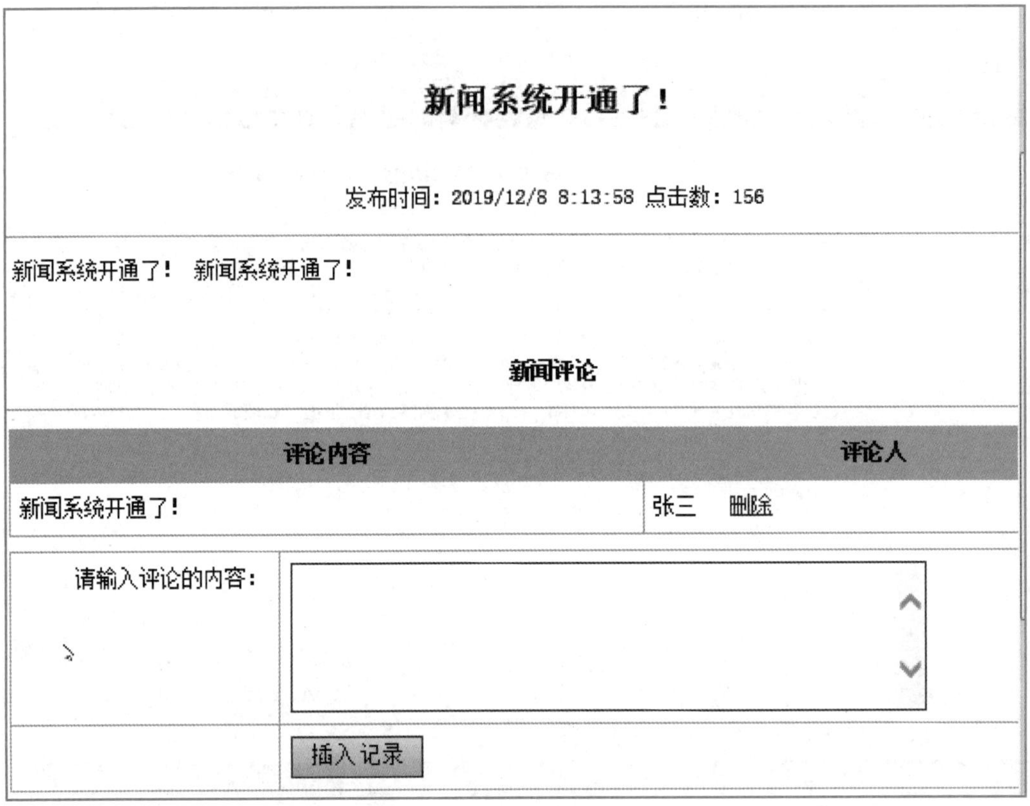

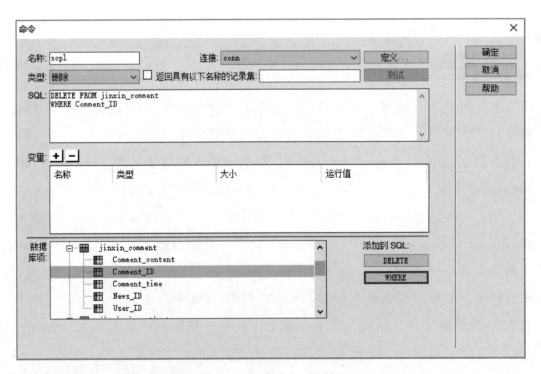

图6-41   评论删除测试结果

图6-42   "命令"对话框

（3）在代码视图中，将命令中的"scpl. CommandText = " DELETE FROM jinxin_comment WHERE Comment_ID""修改为""DELETE FROM jinxin_comment WHERE Comment_ID = "

&Trim（Request. QueryString（"Comment_id"））"，在前面加入判断语句 "if Trim（Request. QueryString("Comment_id")）<>""then"，后方加入 "end if"，保存网页，制作完成，形成代码如下。

```
<%
if Trim(Request.QueryString("Comment_id"))<>"" then
Set scpl = Server.CreateObject ("ADODB.Command")
scpl.ActiveConnection = MM_conn_STRING
scpl.CommandText = "DELETE FROM jinxin_commentWHERE Comment_ID = "
&Trim(Request.QueryString("Comment_id"))
scpl.CommandType = 1
scpl.CommandTimeOut = 0
scpl.Prepared = true
scpl.Execute ()
else
end if
%>
```

（4）打开 News. asp 页面，按 F12 键测试。

知识拓展

目前很多网站上的新闻系统、留言板、BBS 等程序为了提高页面的读取速度，一般不会将数据库中的所有记录全部在一页中显示，而是将其分成多页显示，每页显示一定数目的记录数。然后在页面中设置 "上一页" "下一页" 或者页码等超链接来控制页面跳转。

这样当数据库中内容较多时，通过分页显示可以大大提高页面显示的速度，在实际编程中十分有用。如何才能做到数据库的查询结果分页显示？首先将数据库中所有符合查询条件的记录一次性地读入记录集 Recordset 中，存放在内存中，然后通过 ADO Recordset 对象所提供的分页属性 PageSize（页面大小）、PageCount（页面计数）和 AbsolutePage（绝对页面）来管理分页处理。要实现 ADO 存取数据库时的分页显示，其实就是对 Recordset 的记录进行操作。

Recordset 对象的属性和方法如下。

（1）RecordCount 属性。该属性常用来找出一个 Recordset 对象包括的记录数。例如：

```
<%total=rs. RecordCount %>
```

（2）PageSize 属性。该属性用于决定 ADO 存取数据库时如何分页显示，即由多少记录组成一个逻辑上的"页"。设定并建立一个页的大小，从而允许使用 AbsolutePage 属性移到其他逻辑页的第一条记录，PageSize 属性能随时设定，如每页显示 3 条记录，就可进行如下设定。

```
<% rs.PageSize=3%>
```

（3）PageCount 属性。该属性决定 Recordset 对象包括多少"页"的数据。这里的"页"是数据记录的集合，大小由 PageSize 属性设定。该属性的值是根据 PageSize 的值和记录总数来自动获取的，假设记录集中共有记录 25 条，且设定 rs.PageSize=6，则 rs.PageCount 属性的值为 5。

（4）AbsolutePage 属性。该属性设定记录的页数编号。使用 PageSize 属性将 Recordset 对象分割为逻辑上的各页，每页记录数为 PageSize。该属性以 1 为起始值，若当前记录为 Recordset 的第一行记录，AbsolutePage 为 1。可以设定 AbsolutePage 属性，以移动到一个指定页的第一行记录位置。如要跳转到第 3 页和跳转到最后一页，语句如下。

```
<% rs.AbsolutePage=3 '跳转到第 3 页
rs.AbsolutePage=rs.PageCount '跳转到最后一页
%>
```

制作企业产品展示页面

产品展示列表是指用户通过搜索或单击产品分类进入的产品陈列页面，对顾客起到购物引导作用，一般包含产品名称、简介、价格等基本信息。对于公司网站来说，产品列表页面是一个基础的页面，也是介绍公司产品和影响顾客购买的关键页面。

通过本项目的学习，掌握创建热销产品、制作产品列表及产品详细页面的方法，创建产品后台管理系统的方法。主要学习图片显示、图片链接的操作，设计多行多列橱窗显示产品信息。

任务 1　创建热销产品列表

 任务描述

网站首页是公司门户，公司领导希望在网站的首页上看到公司热销产品的展示，显示销售量高的产品，如图 7-1 所示，访客可以通过单击这个窗口中的产品图片访问具体的热销产品的页面。

图 7-1　热销产品

 **自己动手**

制作热销产品展示页首先要统计各产品的购买量，然后按产品的购买量降序方式，依次展示产品图片，将图片链接到具体的产品介绍页面。

1. 创建产品表及订单表

打开 D:\My Site\database\database. accdb，参考表 7-1 创建商品表 jinxin_product，参考表 7-2 订单表 jinxin_order。jinxin_order 中的 Order_product、Order_user 分别从产品表 jinxin_product 和用户表 jinxin_users 中查询 Product_name、users_name。

表 7-1　商品表 jinxin_product 表结构

字段名称	数据类型	说明	主键	默认值
Product_ID	自动编号	产品编号	是	
Product_name	短文本	产品名称		
Product_Content	长文本	产品介绍		
Product_Price	数字	产品价格		
Product_SmallPic	短文本	产品小图		
Product_BigPic	短文本	产品大图		
Product_AddTime	日期/时间	添加时间		
ClickNumber	数字	点击数		0

表 7-2　订单表 jinxin_order 表结构

字段名称	数据类型	说明	主键
Order_id	自动编号	订单编号	是
Order_product	数字	产品编号	
Order_user	数字	用户编号	
Order_address	短文本	邮寄地址	
Order_time	日期/时间	订单时间	
Order_FT	是/否	是否成交	

 提个醒

Order_product、Order_user 两个字段用查阅向导来创建，分别用 jinxin_product 和 jinxin_uers 表中的 Product_name、users_name 作为查询字段，类型为数字。

2. 建立热销产品查询

（1）单击"创建"选项卡，在出现的快捷工具栏中，单击"查询设计"按钮，出现如图 7-2 所示的"显示表"对话框。

（2）在如图 7-2 所示的"显示表"对话框中，同时选中 jinxin_product 和 jinxin_order 两个表，单击"添加"按钮，将两个表添加到查询设计窗口，单击"关闭"按钮，进入到查询设计窗口，如图 7-3 所示。

（3）将 jinxin_product 表中的 Product_ID 拖到查询设计区第 1 列，在字段上右击，弹出如图 7-4 所示的快捷菜单，选择"汇总"命令。

图 7-2   "显示表"对话框

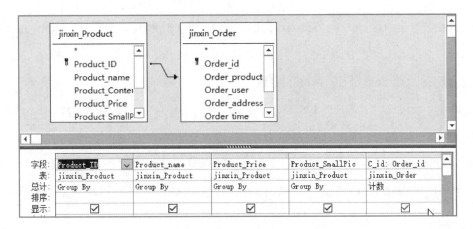

图 7-3   查询设计

（4）将表 jinxin_product 其他字段依次拖动到查询设计区的各列，将 jinxin_Order 表中的 Order_id 拖动到最后一列，在"统计列"下拉列表中选择"计数"选项，如图 7-5 所示。

图 7-4   "汇总"命令   图 7-5   "计数"选项

（5）切换到 SQL 视图，将"INNER JOIN"修改为"LEFT JOIN"，将"Order_id 之计算"字段修改为"订购数"，这样就可以查询到每一个产品的订购数了。

提个醒

（1）INNER JOIN 查询时，jinxin_product 在 jinxin_Order 中没有匹配的记录时，不显示这一条记录，而用 LEFT JOIN 关键字会从 jinxin_product 那里返回所有的记录，即在 jinxin_Order 表中没有匹配的记录时，显示为订购数 0。

（2）虽然 jinxin_product 表中所有字段都在查询中显示，但不能使用 * 来查询，否则会出现错误提示。

（3）AS 也叫别名，它可以给一个查询或一个字段起一个别名。As order_id 之计算，就是为 Count（jinxin_order.Order_id）这个查询起了个名字。

修改后的 SQL 代码如下。

```
SELECT jinxin_product.Product_ID, jinxin_product.Product_name, jinxin_product.Product_Price, jinxin_product.Product_SmallPic, Count(jinxin_order.Order_id) AS 订购数
FROM jinxin_product LEFT JOIN jinxin_order ON jinxin_product.Product_ID=jinxin_order.Order_product
GROUP BY jinxin_product.Product_ID, jinxin_product.Product_name, jinxin_product.Product_Price, jinxin_product.Product_SmallPic;
```

（6）将查询保存为"产品订单"。

提个醒

如果将网页的编码设置为"简体中文（GB2312）"，数据库的表名、查询名、字段名可以用中文命名。这样可以避免使用关键字作为表名、查询名、字段名，同时使得其他人员能快速理解。

3. 制作热销产品

（1）打开 index.asp，在热点新闻和最新新闻下方，加入一个 2 行 1 列的表格，来容纳热销产品展示。

（2）在"绑定"面板，单击 + 按钮，在弹出的列表中选择"记录集（查询）"选项，弹出如图 7-6 所示的"记录集"对话框，设置"名称"为"P_hot"，"连接"为"conn"，"表格"为"产品订单"，用"订购数"降序排序。

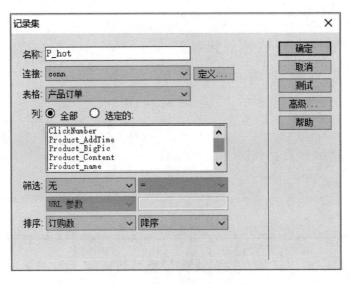

图 7-6　"记录集"对话框

> 🔔 **提个醒**
>
> 本例中用一个 2 行 1 列、宽度为 95% 的表格，表格的第一行显示"热销产品"标记，第二行加入 <marquee> 标签，让产品从右向左移动，<img> 标签直接横向重复。

（3）将产品小图（Product_SmallPic）记录集字段拖放到 <img> 标签的 SRC 属性值中，代码为"< img src = "< % = (rs_hotp. Fields. Item （"Product_SmallPic"）. Value)% >" width = "180" height = "180" />"。

（4）选中 <img> 标签，单击"服务器行为"面板中的 ➕ 按钮，在列表中选择"转到详细页面"选项，在如图 7-7 所示的"转到详细页面"对话框中，设置"链接"为产品小图，"详细信息页"为"Product_show. asp"，"传递 URL 参数"为"Product_ID"，"记录集"为"p_hot"，"列"为"Product_ID"，不传递现有参数，单击"确定"按钮。

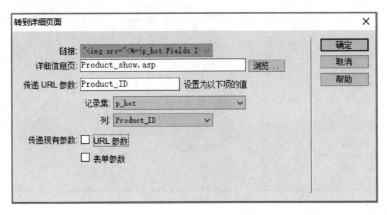

图 7-7　"转到详细页面"对话框

（5）选中 <a> 标签，单击"服务器行为"面板中的 按钮，在列表中选择"重复区域"选项，在如图 7-8 所示的"重复区域"对话框中，设置"记录集"为"P_hot"，显示 10 条记录，单击"确定"按钮。

（6）按 F12 键，测试网页，如图 7-1 所示。

图 7-8　"重复区域"对话框

 **举一反三**

参考以上过程，制作热评新闻，放在首页替换最新新闻，如图 7-9 所示。

（1）建立"热评新闻"查询。"热评新闻"查询建立过程与热销产品相近，SQL 代码如下。

```
SELECT jinxin_news.News_ID, jinxin_news.News_title, Count (jinxin_
comment.Comment_ID) AS 评论数
FROM jinxin_news left JOIN jinxin_comment ON jinxin_news.News_ID =
jinxin_comment.News_ID
GROUP BY jinxin_news.News_ID, jinxin_news.News_title;
```

（2）打开 Index. asp，双击记录集"rs_new"，将表格改为"热评新闻"，排序改为以"评论数"降序排序，如图 7-10 所示。

（3）按 F12 键测试，效果如图 7-9 所示。

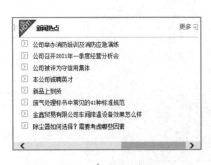

图 7-9　新闻热评

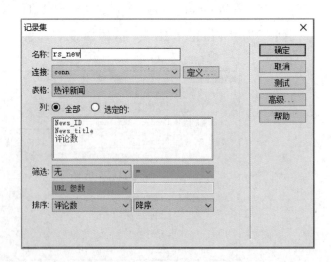

图 7-10　"记录集"对话框

提个醒

所有服务器行为代码为自动生成，都能通过双击方式打开并重新在对话框中编辑。修改过代码的服务器行为在"服务器行为"面板上不显示，或出现错误显示。

任务2　创建产品列表及产品信息

任务描述

创建完热销产品列表后，小李想如果产品不能全部展示，有些产品永远不会被浏览者了解与购买，所以要制作展示全部产品列表页面（Product.asp）及产品的详细信息页面（Product_show.asp），如图7-11和图7-12所示。

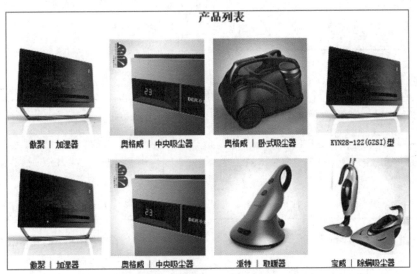

图7-11　产品列表页面

图7-12　产品详细信息页面

 自己动手

1. 创建产品列表页面

（1）在站点根目录下，新建一个文件 Product.asp，套用"网站前台模板"到页。将 index.asp 的记录集 P_hot 复制到 Product.asp。

（2）在网页中插入一个 2 行 1 列的表格，将记录集中的记录 Product_SmallPic 拖动到第 1 行 <img> 标签的 src 属性内，将 Product_name 拖动到第 2 行，如图 7-13 所示。

图 7-13　动态图片

（3）选择 <img> 标签，在"服务器行为"面板加入"转到详细页面"的服务器行为。在如图 7-14 所示的"转到详细页面"对话框中，设置"链接"为 <img> 标签，"详细信息页"为"Product_show.asp"，"传递 URL 参数"为"Product_ID"，"记录集"为"p_hot"，"列"为"Product_ID"，单击"确定"按钮。

（4）选中整个表格，在"服务器行为"面板中加入"重复区域"的服务器行为，如图 7-15 所示，设置"记录集"为"p_hot"，显示 20 条记录。

图 7-14　"转到详细页面"对话框

图 7-15　"重复区域"对话框

（5）在表格上方加入如下代码。

```
<table border = "0"><tr>
  <% While ((Repeat2__numRows <> 0) AND (NOT p_hot.EOF))%>
<td width = "25%">
```

（6）在表格下方加入如下代码。

```
</td><%
if (Repeat2__numRows-1) mod 4 = 0 and rs_numRows <> 20 then
%></tr><tr><% end if
Repeat2__index = Repeat2__index+1
```

```
Repeat2__numRows = Repeat2__numRows-1
p_hot.MoveNext ()
Wend
% >
</tr></table>
```

 提个醒

<td width="25%">实际上是1/列数得出的百分比。如果用5列显示则为20%。

if（Repeat2__numRows-1）mod 4 = 0 and rs_numRows <> 20 then %></tr>
<tr><% end if%>表示当前记录数-1能被4整除则加入一行。列数是5，条件为（Repeat2__numRows-1）mod 5＝0。

（7）在表格下方加入"记录集导航条"，按 F12 键测试网页，结果如图 7-11 所示。

2. 创建产品详细信息页面

（1）在站点根目录下，新建一个 Product_show.asp 文件，并应用"网站前台模板"到页。

（2）在"绑定"面板上，单击➕按钮，在弹出的列表中选择"记录集（查询）"选项，弹出如图 7-16 所示的"记录集"对话框，设置"名称"为"rs1"，"连接"为"conn"，"表格"为"jinxin_product"，"筛选"字段为"Product_ID"、运算符为"="、变量类型为"URL 参数"、值为"Product_ID"，单击"确定"按钮。

（3）将动态数据拖动到页面相应位置。在页面中插入购买的图片 buy.png，选择图

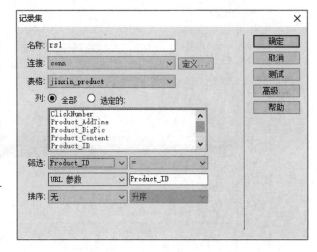

图 7-16　"记录集"对话框

片，插入"转到相关页面"服务器行为。在如图 7-17 所示的"转到相关页面"对话框中，设置"相关页"为"buy.asp"，"传递现有参数"为"URL 参数"，单击"确定"按钮。

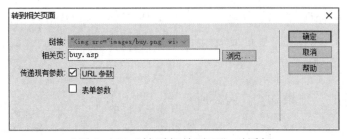

图 7-17　"转到相关页面"对话框

小知识

　　希望显示一个既不是搜索页、结果页，也不是详细页的页面，但又不希望丢失页面已经从表单或 URL 参数接收的信息，请不要使用标准链接来打开相关页，而改用"转到相关页面"服务器行为创建链接。生成的链接打开相关页，并将现有参数传递到该页。

　　在向页面添加"转到相关页面"服务器行为之前，要保证该页有来自表单的参数（换句话说，表单的 ACTION 属性指定该页），或接收到 URL 参数。

　　（4）在页面中插入"命令"的服务器行为，弹出如图 7-18 所示的对话框。在对话框中，设置"连接"为"conn"，"类型"为"更新"，在"数据库项"框中选中 jinxin_product 表中的 ClickNumber 列，单击 SET 按钮，选中 Product_ID，单击 WHERE 按钮。

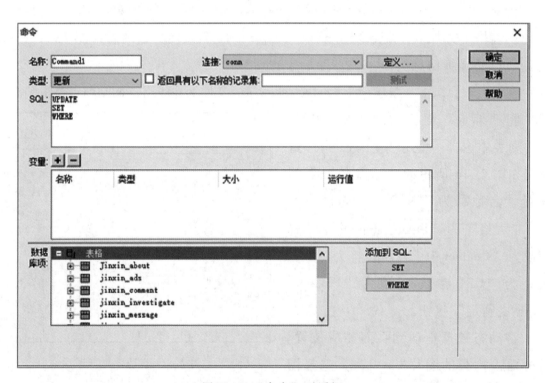

图 7-18　"命令"对话框

　　代码中将"Command1. CommandText = " UPDATE jinxin_product SET ClickNumber ClickNumber WHERE Product_ID" "改写为"Command1. CommandText = " UPDATE jinxin_product SET ClickNumber = ClickNumber + 1　WHERE　Product _ ID = " &Trim（Request. QueryString（" Product_ID"））"。

　　（5）按 F12 键测试，结果如图 7-12 所示。

产品详情信息页面已将 buy. png 链接到了相关页面 buy. asp。现在要做一个订单提交的页面和购物车程序，如图 7-19 和图 7-20 所示。

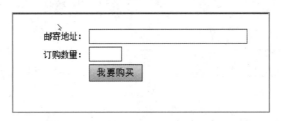

图 7-19 订单提交页面

我的订单		
产品名称	**订购数量**	**订购时间**
奥格威丨中央吸尘器	6	2019/12/19 18:54:07
奥格威丨中央吸尘器	6	2019/12/19 18:57:01
奥格威丨卧式吸尘器	5	2019/12/19 18:57:53

图 7-20 购物车页面

1. 建立订单页面

（1）单击"文件"菜单，选择"新建"命令。在"新建"对话框中，选择模板中的页，模板为"网站前台模板"，单击"创建"按钮。选择"文件"菜单的"保存"命令，在出现的"另存为"对话框中，将文件保存为 buy. asp。

（2）单击"绑定"面板中的 ➕ 按钮，在列表中选择"记录集（查询）"选项，绑定两个记录集，名称分别是 rs_yh（如图 7-21 所示）和 rs_cp（如图 7-22 所示），设置"连接"

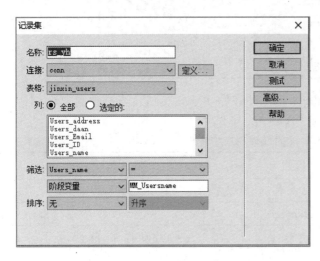

图 7-21 用户记录集

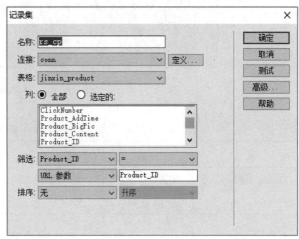

图 7-22 产品记录集

为"conn","表格"分别是"jinxin_users"和"jinxin_Product","筛选"分别是"Users_name、=、阶段变量、mm_Usersname"和"Product_ID、=、URL参数、Product_ID"。

（3）在ID为right的div中插入如下代码。

```
<% If Session("MM_username")="" Then
Response.Write("你还没有登录,请登录后购买")
else% >
<% End If % >
```

在"设计"视图下，两段ASP代码之间，输入文字"请选择商品"，如图7-23所示。

图7-23 页面布局

（4）光标移到文字后，单击"插入"菜单，选择"数据对象"→"插入记录"→"插入记录表单向导"命令，弹出如图7-24所示的"插入记录表单"对话框。在对话框中，设置"连接"为"conn"，"插入到表格"为"jinxin_order"，"插入后，转到"为"my_buy.asp"，表单字段见表7-3。

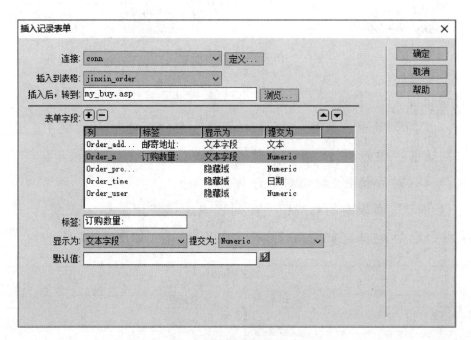

图7-24 "插入记录表单"对话框

表7-3 表单字段的设计

列	标签	显示为	提交为	默认值
Order_address	邮寄地址：	文本字段	文本	
Order_n	定购数量：	文本字段	Numeric	
Order_Product	隐藏域		Numeric	<% =（rs_cp. Fields. Item（"Product_ID"）. Value）% >

续表

列	标签	显示为	提交为	默认值
Order_user		隐藏域	Numeric	<% = (rs_yh. Fields. Item (" Users_ID"). Value)% >
Order_time		隐藏域	日期	<% =now% >

（5）选择"请选择商品"5 个字符，在"服务器行为"面板上加入"如果记录集为空则显示区域"的服务器行为，如图 7-25 所示。选择刚插入的表单，在"服务器行为"面板上加入"如果记录集不为空则显示区域"的服务器行为，如图 7-26 所示。保存文件，产品订单页面制作完成。

图 7-25 "如果记录集为空则显示区域"对话框　　图 7-26 "如果记录集不为空则显示区域"对话框

2. 购物车页面

（1）单击"文件"菜单，选择"新建"命令。在"新建"对话框中，选择模板中的页，模板为"网站前台模板"。单击"创建"按钮。单击"文件"菜单，选择"保存"命令，在出现的"另存为"对话框中将文件保存为"MY_buy. asp"。

（2）打开站点数据库，单击"创建"选项卡，单击"查询设计"按钮，选择 jinxin_order、jinxin_users、jinxin_product 表。将 jinxin_order 的 * 号拖动到查询设计区的案例，然后将 jinxin_users 中的 Users_name 拖动到第 2 列，将 jinxin_product 中的 Product_name 拖动到第 3 列，查询保存为"用户订单"，如图 7-27 所示。

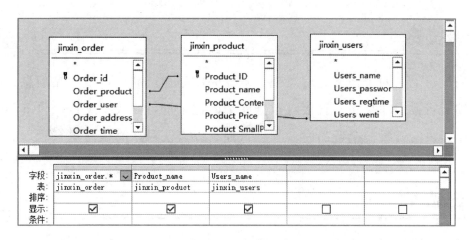

图 7-27 创建查询

（3）在 MY_buy.asp 页面中，在"绑定"面板单击➕按钮，在弹出的列表中选择"记录集（查询）"选项，弹出"记录集"对话框，如图 7-28 所示，设置"名称"为"rs1"，"连接"为"conn"，"表格"为"用户订单"，选择的字段为"Users_name"，逻辑运算符为"="，变量类型为"阶段变量"，变量名为"MM_username"，单击"确定"按钮。

（4）插入 2 行 3 列细线表格。在第 1 行输入文字，将记录中的字段拖动到相应位置，如图 7-20 所示。选中第 2 行，加入"重复区域"的服务器行为，如图 7-29 所示，保存页面，就完成了购物车页面的制作。

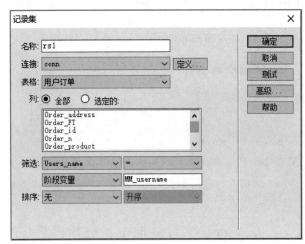

图 7-28　"记录集"对话框

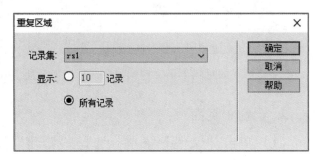

图 7-29　"重复区域"对话框

（5）登录后，从链接中访问该页，如图 7-20 所示。

任务3　创建产品后台管理系统

任务描述

小李在完成了上面两个任务之后发现，他要完成添加产品、修改产品信息、删除产品等操作，就必须运行数据库程序，直接对数据库中的记录进行修改。这样操作既不方便，数据也不安全。小李决定开发一个产品后台管理页面，以方便对产品信息进行管理。

自己动手

小李有了想法之后，认真做了规划，以通过产品列表管理页面实现对数据库表 jinxin_product 的操作。

下面是要实现产品后台管理功能所需要的文件及功能。

（1）Product.asp：用于显示产品列表的页面，在每个产品后有删除与修改的链接通过"添加产品"的链接完成添加。

（2）Product_add.asp：用于添加产品的页面。

（3）Product_modify.asp：用于修改产品的页面。

（4）Product_del.asp：用于删除产品的页面。

测试 Product.asp，打开产品列表页面，如图 7-30 所示。

图 7-30　产品列表

在产品列表页面单击"添加产品"超链接，出现添加产品页面，如图 7-31 所示。

图 7-31　添加产品

在产品列表页面选择要修改的产品，单击"修改"超链接，出现修改产品页面，如图7-32所示。

在产品列表页面选择要删除的产品，单击"删除"超链接，出现确认删除页面，如图7-33所示。

图7-32　修改页面　　　　　　　　　　　　图7-33　删除页面

1. 制作产品列表页

（1）在"文件"面板中的"admin"文件夹下新建Product.asp。打开页面文件应用后台模板到页。在Product.asp页面中，在ID为right的DIV中，插入2行4列细线表格，并输入文字，如图7-34所示。

图7-34　表格布局

（2）单击"绑定"面板上的➕按钮，在弹出的下拉列表中选择"记录集"选项，打开如图7-35所示的"记录集"对话框。在"名称"文本框中输入"rs1"，在"连接"下拉列表中选择"conn"选项，在"表格"下拉列表中选择"jinxin_product"。在"排序"下拉列表中选择"Product_AddTime"选项，以"降序"排序。

（3）将记录集中的Product_ID、Product_name两个字段拖动到第2行第1列与第2行第2列中。

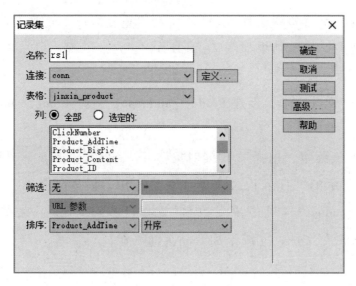

图 7-35 "记录集"对话框

（4）选中"删除"与"修改"文本，插入"转到详细页面"的服务器行为，转到页面分别为 Product_del. asp 和 Product_modify. asp，如图 7-36 和图 7-37 所示。

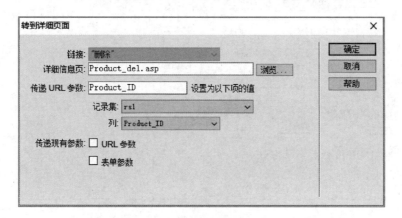

图 7-36 删除"转到详细页面"对话框

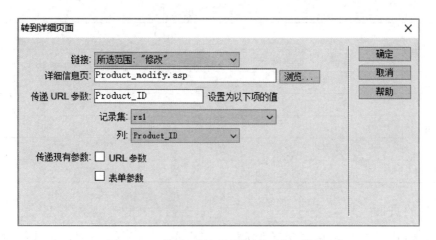

图 7-37 修改"转到详细页面"对话框

（5）选中第2行（在标签中选择<tr>），加入"重复区域"的服务器行为。

（6）按F12键预览，预览结果如图7-30所示。

2．添加产品的页面

（1）在"admin"文件夹中，新建Product_add.asp，打开Product_add.asp，应用"网站后台模板"到页。

（2）单击"插入"菜单，选择"数据对象"→"插入记录"→"插入记录表单向导"命令。在如图7-38所示的"插入记录表单"对话框中，设置"连接"为"conn"，"插入到表格"为"jinxin_product"，"插入后，转到"为"Product.asp"，表单字段设置见表7-4，单击"确定"按钮。保存文件，完成添加产品页面制作。

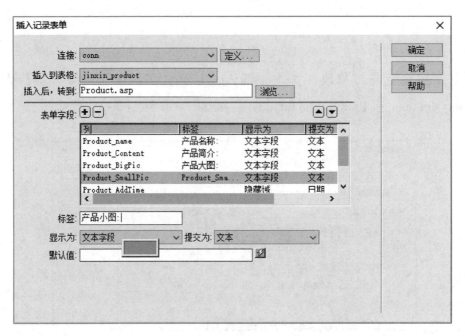

图7-38 "插入记录表单"对话框

表7-4 表单字段设置

列	标签	显示	提交为	默认值
Product_name	产品名称：	文本域	文本	
Product_Content	产品简介：	文本区域	文本	
Product_Price	产品价格：	文本域	数字	
Product_SmallPic	产品小图：	文本域	文本	
Product_BigPic	产品大图：	文本域	文本	
Product_addtime		隐藏域	日期/时间	<%=now%>

3．删除产品的页面

（1）在"admin"文件夹中，新建Product_del.asp，打开文件，应用"网站后台模板"到页。单击"绑定"面板下方的 + 按钮，在弹出的下拉列表中选择"记录集"选项。打开如图 7-39 所示的"记录集"对话框。设置"名称"为"rs1","连接"为"conn","表格"为"jinxin_product","筛选"字段为"Product_ID",运算符为"=",变量为"URL参数",值为"Product_ID",单击"确定"按钮。

（2）在 id 为 right 的 DIV 中插入表单、文字、记录集字段及两个按钮，一个按钮动作为"提交"，值为"确定"，另一个动作为"无"，值为"返回"，在"返回"按钮添加"转到URL"的行为，转到目标为 Product.asp，如图 7-40 所示。

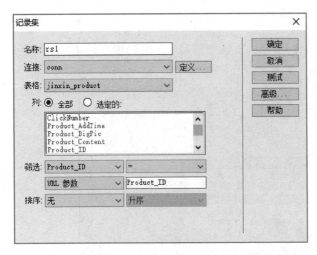

图 7-39 "记录集"对话框

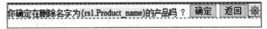

图 7-40 删除记录表单

（3）在"服务器行为"面板，加入"删除记录"的服务器行为。在如图 7-41 所示的"删除记录"对话框中，设置"连接"为"conn"，"从表格中删除"为"jinxin_product"，"选取记录自"为"rs1"，"唯一键列"为"Product_ID"，"提交此表单以删除"为"form1"，删除后，转到"Product.asp"，单击"确定"按钮。

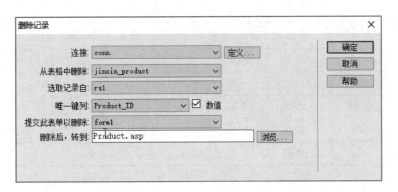

图 7-41 "删除记录"对话框

4. 修改产品的页面

（1）在"admin"文件夹中，新建 Product_modify.asp 文件并打开，应用"网站后台模板"到页。将 Product_del.asp 页面"绑定"面板中的记录集 rs1 复制到 Product_modify.asp

页面的"绑定"面板中。

（2）单击"插入"菜单，选择"数据对象"→"更新记录"→"更新记录表单向导"命令。在如图 7-42 所示的对话框中，设置"连接"为"conn"，"要更新的表格"为"jinxin_product"，"选取记录自"为"rs1"，"唯一键列"为"Product_ID"，"在更新后，转到"为"Product. asp"。表单字段设置见表 7-5，完成后单击"确定"按钮。保存文件，完成修改页面的制作。

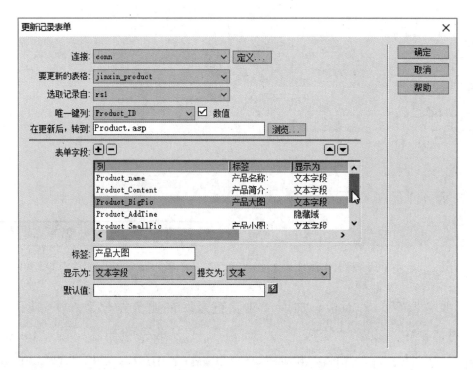

图 7-42 "更新记录表单"对话框

表 7-5 表单字段设置

列	标签	显示	提交为	默认值
Product_name	产品名称：	文本域	文本	<% = （rs1. Fields. Item （"Product_name"）. Value)% >
Product_Content	产品简介：	文本区域	文本	<% = （rs1. Fields. Item （"Product_Content"）. Value)% >
Product_Price	产品价格：	文本域	数字	<% = （rs1. Fields. Item （"Product_Price"）. Value)% >
Product_SmallPic	产品小图：	文本域	文本	<% = （rs1. Fields. Item （"Product_SmallPic"）. Value)% >
Product_BigPic	产品大图：	文本域	文本	<% = （rs1. Fields. Item （"Product_BigPic"）. Value)% >

举一反三

作为后台管理的页面，要求有一定权限的管理员才能访问，小李决定自己编写限制对页面访问的代码。删除产品后该产品的所有订单一并删除，否则会出现数据冗余。

1. 修改访问权限

（1）在管理员登录页面中已经设置的管理员名为"MM_Admin_name"，在"绑定"面板，单击➕按钮，在列表中选择"阶段变量"选项，出现如图 7-43 所示的"阶段变量"对话框，设置"名称"为"MM_Admin_name"。

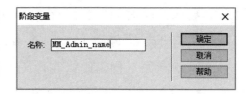

图 7-43　"阶段变量"对话框

（2）在<body>后边，单击 ASP 工具栏的 if 按钮、else 按钮。拖动阶段变量"MM_Admin_name"到 if 后，在</body>标签前，单击"插入"栏"ASP"选项卡中的 end 按钮，最后形成代码如下。

```
<% If Session ("MM_Admin_name") = "" Then
    Response.Write("你不是管理员请登录后访问")
    response.Redirect (".../admin/denglu.asp")
else
end if % >
```

> **小知识**
>
> Response.Redirect 方法导致浏览器链接到一个指定的 URL。
>
> 当 Response.Redirect（）方法被调用时，它会创建一个应答，应答头中指出了状态代码 302（表示目标已经改变）以及新的目标 URL。浏览器从服务器收到该应答，利用应答头中的信息发出一个对新 URL 的请求。这就是说，使用 Response.Redirect 方法时重定向操作发生在客户端，总共涉及两次与服务器的通信（两个来回），第一次是对原始页面的请求，得到一个 302 应答，第二次是请求 302 应答中声明的新页面，得到重定向之后的页面。

（3）保存文件，出现如图 7-44 所示的"更新模板文件"对话框，单击"更新"按钮，出现"更新页面"窗口，如图 7-45 所示。更新完毕后，单击"关闭"按钮。如有打开的文件，需要单击"文件"菜单，在列表中选择"保存全部"命令。这样所有页面在运行前，

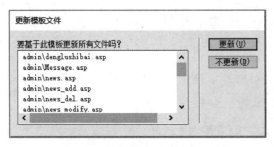

图 7-44　"更新模板文件"对话框

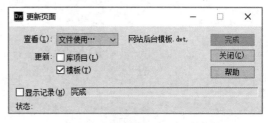

图 7-45　"更新页面"窗口

首先进入登录页面登录，登录成功后才能访问。

2. 删除产品时同时删除该产品的订单

（1）打开产品删除（Product_del.asp）页面。找到删除产品的代码。

（2）复制如下代码段，在代码段下粘贴一次。

```
MM_editCmd.ActiveConnection=MM_conn_STRING
MM_editCmd.CommandText="DELETE FROM jinxin_product WHERE Product_ID
=?"
MM_editCmd.Parameters.Append MM_editCmd.CreateParameter("param1",5,
1,-1,Request.Form("MM_recordId"))'adDouble
MM_editCmd.Execute
```

将粘贴代码中的"MM_editCmd.CommandText=" DELETE FROM jinxin_product WHERE Product_ID=?""修改为"MM_editCmd.CommandText=" DELETE FROM jinxin_order WHERE Order_product=?""。

（3）保存网页，完成删除页面的制作。

知识拓展

企业网站，就是企业以网络营销为目的，在互联网上进行企业宣传的行为。企业网站相当于一个企业的网络名片，不但对企业的形象是一个良好的宣传，同时可以辅助企业的销售，甚至可以通过网络直接帮助企业实现产品的销售。

产品列表页面是展示产品的最直接有效的方式，是产品陈列页面，可对产品进行详尽的介绍，除了文字介绍之外，还可配备相应的图片资料。产品列表页面常见的有以下几种展示样式。

1. 普通列表显示方式

普通列表显示方式指产品采用横排罗列的形式，即每个产品占一行显示，依次向下罗列，一般包含产品名称、图片、简介等信息，如图7-46所示。

2. 橱窗显示方式

橱窗显示方式指采用橱窗方格的形式，即每行多个产品，依次向右罗列，宽度超过限制则自动换行，一般包括产品名称、图片、简介等信息，如图7-47所示。

3. 文字显示方式

文字显示方式指采用最简单的产品横排罗列的形式，即每个产品占一行显示，依次向下罗列，但不包含产品图片，只有文字清单式列表，如图7-48所示。

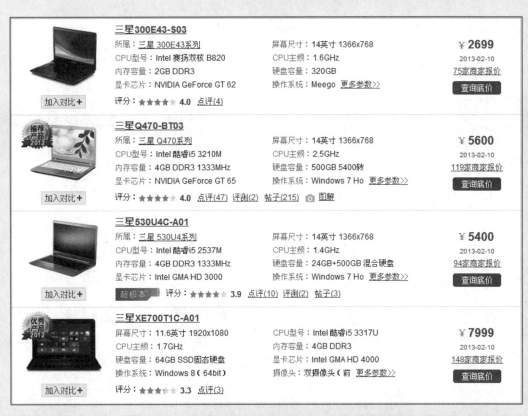

图 7-46　普通列表

图 7-47　橱窗显示方式

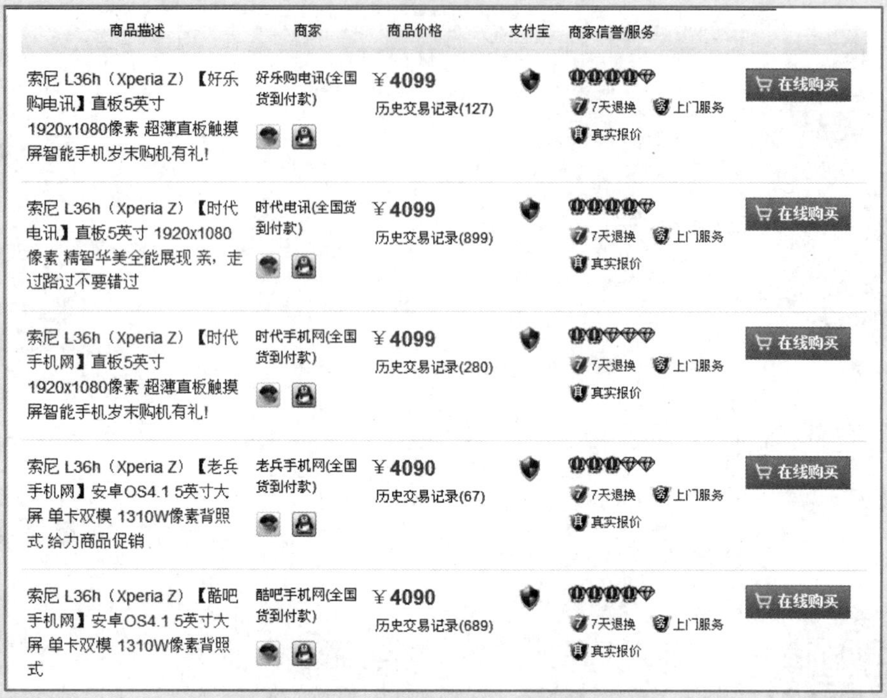

商品描述	商家	商品价格	支付宝	商家信誉/服务	
索尼 L36h（Xperia Z）【好乐购电讯】直板5英寸 1920x1080像素 超薄直板触摸屏智能手机岁末购机有礼!	好乐购电讯(全国货到付款)	￥4099 历史交易记录(127)		7天退换 上门服务 真实报价	在线购买
索尼 L36h（Xperia Z）【时代电讯】直板5英寸 1920x1080像素 精智华美全能展现 亲，走过路过不要错过	时代电讯(全国货到付款)	￥4099 历史交易记录(899)		7天退换 上门服务 真实报价	在线购买
索尼 L36h（Xperia Z）【时代手机网】直板5英寸 1920x1080像素 超薄直板触摸屏智能手机岁末购机有礼!	时代手机网(全国货到付款)	￥4099 历史交易记录(280)		7天退换 上门服务 真实报价	在线购买
索尼 L36h（Xperia Z）【老兵手机网】安卓OS4.1 5英寸大屏 单卡双模 1310W像素背照式 给力商品促销	老兵手机网(全国货到付款)	￥4090 历史交易记录(67)		7天退换 上门服务 真实报价	在线购买
索尼 L36h（Xperia Z）【酷吧手机网】安卓OS4.1 5英寸大屏 单卡双模 1310W像素背照式	酷吧手机网(全国货到付款)	￥4090 历史交易记录(689)		7天退换 上门服务 真实报价	在线购买

图 7-48   文字显示方式

创建动态广告

随着互联网经济的高速发展，网络广告已引起了越来越广泛的重视。网络广告以其费用低、发布快、定位准、传播广等特点，成为继传统的电视、广播、报刊和户外广告之外的第五大广告发布媒体。

通过本项目的学习，掌握制作横幅广告、对联广告、弹出广告窗口的方法，学习在网页中如何嵌入多媒体文件，加入 JavaScript 脚本语言，如何实现窗体的弹出等，以达到最好的广告效果。

任 务 1　制 作 横 幅 广 告

任务描述

横幅广告（banner）是网络广告最早采用的形式，也是目前最常见的形式。横幅广告又称为旗帜广告，横幅广告通常置于页面顶部，最先映入网络访客的眼帘，创意绝妙的横幅广告对于建立并提升公司品牌形象有着不可低估的作用。小李决定在公司网站主页上制作横幅广告来宣传公司的形象。

自己动手

小李在有了想法之后，认真做了规划，计划完成的添加了横幅广告的模板页面如图 8-1 所示。

图 8-1　横幅广告测试结果

（1）制作横幅广告所需要的素材为 ban. swf，将其保存在本地站点"D:\My Site\images\"文件夹中。

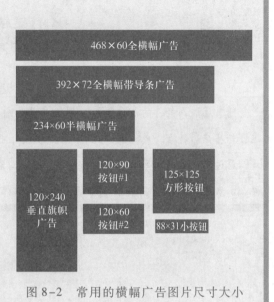

小知识

横幅广告通常为 468×60 像素，可以在一定范围内变化大小。一般而言，尺寸大小为 468×60 像素的称为全横幅广告（full banner），尺寸大小为 234×60 像素的称为半横幅广告（half banner），尺寸大小为 120×240 像素的称为垂直旗帜广告（vertical banner）。横幅广告图片一般使用 GIF、JPG 或 PNG 格式的图像文件，也可用 SWF 动画图像。

常用的横幅广告图片尺寸大小如图 8-2 所示。

另外，图片广告的大小也需要严格控制，因为图片文件越大，网页的浏览速度越慢，通常图片大小控制在 15 KB 以内。

图 8-2　常用的横幅广告图片尺寸大小

（2）打开"网站前台模板"页，在 <header> 标签内，插入代码"< div style = " float: right; margin-top: 15px;" ></div>"。

（3）在 Dreamweaver 窗口中，在刚才插入的 DIV 中，单击"插入"菜单，在弹出的列表中选择"媒体"→"SWF"命令，如图 8-3 所示。

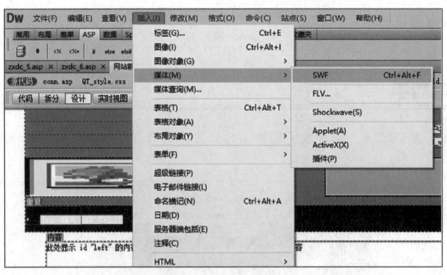

图 8-3　"插入"菜单

（4）在出现的如图 8-4 所示的"选择 SWF"对话框中，在"查找范围"栏中选择 images 文件夹，在"文件名"栏中输入"ban. swf"，单击"确定"按钮。

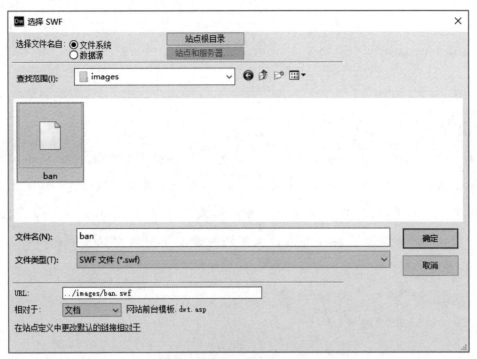

图 8-4 "选择 SWF"对话框

（5）弹出如图 8-5 所示的"对象标签辅助功能属性"对话框，一般不做任何设置直接单击"确定"按钮。

图 8-5 "对象标签辅助功能属性"对话框

（6）在 Dreamweaver 中找到以下代码。

```
<object classid="clsid：D27CDB6E-AE6D-11cf-96B8-444553540000" co-
debase=" http：//download.macromedia.com/pub/shockwave/cabs/flash/
swflash.cab#version=9,0,28,0" width="468" height="60">
<param name="movie" value="../images/ban.swf" />
<param name="quality" value="high" /
<param name="wmode" value="opaque" />
<embed src="../images/ban.swf" quality="high" wmode="opaque" plu-
ginspage="http：//www.adobe.com/shockwave/download/download.cgi?P1_
```

```
Prod_Version=ShockwaveFlash" type="Application/x-shockwave-flash"
width="468" height="60"></embed>
</object>
```

 小知识

多媒体元素是网页中非常重要的一部分，无论访问的是哪种类型的网页，视频或音频都会有非常好的呈现效果，HTML5出现之前要想加入多媒体对象，必须依赖Object标签，调用第三方软件来加载，如Flash等，如果设备不支持Flash，对此就束手无策了。但是HTML5的出现让多媒体网页开发变得异常简单，也形成了新的标准。

1. 使用Video标签

```
<video width="500px" id="vid">
<source src="视频路径"/>
</video>
```

2. 使用Audio标签

```
<audio id="audctrl" controls>
<source src="音频路径" type="audio/mp3"/>
</audio>
```

标签中包含"controls"，添加该标签可以使得播放器工具栏可见。

（7）按F12键预览，即可看到网页中的Flash动画广告，如图8-1所示。

 举一反三

为网页加入背景音乐，是增加网页感染力的重要途径。

在网页<head>标签中的任意位置加入"<bgsound src="1.mid" loop="-1" />"就可以为网页加入背景音乐了。

 小知识

bgsound标签共有5个属性，其中balance是设置音乐的左右均衡，delay是进行播放延时的设置，loop是循环次数的控制，src则是音乐文件的路径，volume是音量设置。一般在添加背景音乐时，并不需要对音乐进行左右均衡以及延时等设置，所以仅需要几个主要的参数就可以了。

任务 2　制作对联广告

任务描述

很多企业网站的网页中，都会有一个自动漂浮的对联广告，对联广告是指利用网站页面左右两侧的竖式广告位置而设计的广告形式，显示时随页面浏览而跟随移动，并提供"关闭"按钮，如图 8-6 所示。

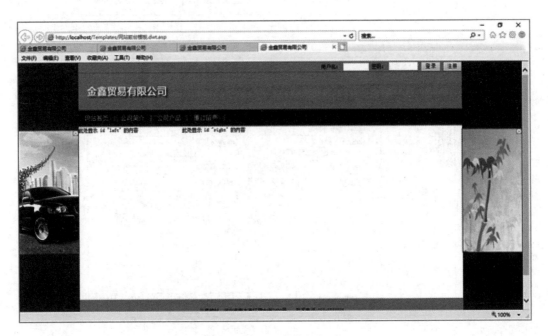

图 8-6　对联广告

自己动手

（1）将对联图片"right. png""left. png""close. gif"保存在站点目录下的 images 文件夹中。打开网站前台模板，在文件尾插入 ID 为"ad_right"和"ad_left"的两个 DIV，在其中分别插入 ID 为"x"和"y"的两个 DIV，对各 DIV 样式进行设置，对背景（如图 8-7 所示）、宽度和高度（如图 8-8 所示）、定位方式（如图 8-9 所示）、视觉效果（如图 8-10 所示）做出设置。

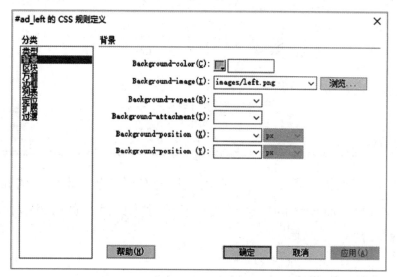

图 8-7　设置背景

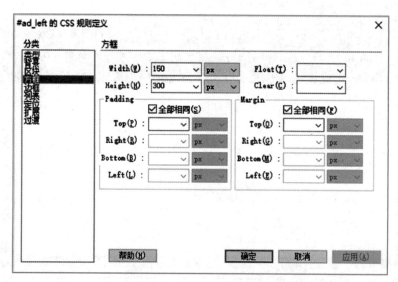

图 8-8　设置宽度和高度

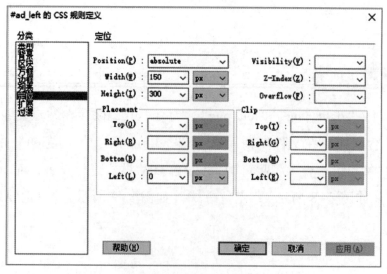

图 8-9　设置绝对定位

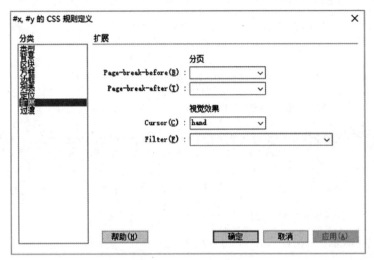

图 8-10　设置视觉效果

产生的样式表代码如下。

```
#ad_left {width: 150px; height: 300px; position: absolute; left:
0px; background-image: URL (images/left.png);}
#ad_right {width: 150px; height: 300px; position: absolute; right:
0px; background-image: URL (images/right.png);}
#x, #y {width: 10px; height: 10px; position: absolute; right: 0px; top:
0px; cursor: hand; background-image: URL (images/close.gif);}
```

（2）创建一个空白的 JavaScript 文件，如图 8-11 所示。在文件中输入如下代码，将文件保存在 include 文件夹下，文件名为 "duilian.js"。

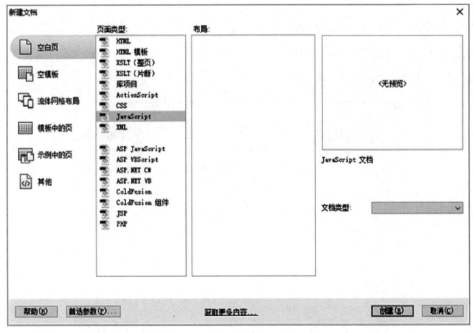

图 8-11　创建 JavaScript 文件

```
window.onload=window.onscroll=function ()
{
    var oLeft = document.getElementById("ad_left");
    var oRight = document.getElementById("ad_right");
    var scrollY = document.documentElement.scrollTop||document.body.
scrollTop;
    var clientH = document.documentElement.clientHeight;
    var oCloseX =document.getElementById("x")
    var oCloseY =document.getElementById("y")
    oLeft.style.top=(clientH-oLeft.offsetHeight)/2+scrollY+"px";
    oRight.style.top=(clientH-oRight.offsetHeight)/2+scrollY+"px";
    oCloseX.onclick=function()
    {
        this.parentNode.parentNode.removeChild(this.ZparentNode);
    }
    oCloseY.onclick=function()
    {
        this.parentNode.parentNode.removeChild(this.parentNode);
    }
}
```

（3）单击"插入"菜单，选择 HTML→"脚本对象"→"脚本"命令，出现"脚本"对话框，如图 8-12 所示。在对话框中设置"类型"为"text/javascript"，"源"为"../include/duilian.js"，单击"确定"按钮。

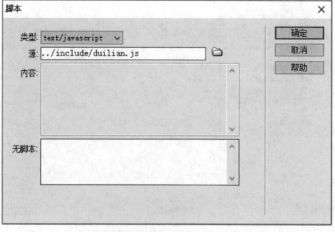

图 8-12　"脚本"对话框

小知识

　　不把 JavaScript 内嵌在 HTML 中，而是存放在另一个文件中，这样不但可以实现一个程序多次调用，同时使代码变得简单规范，重码率降低，同时提高工作效率，提高局部性能，降低维护成本。

　　（4）按 F12 键测试，结果如图 8-6 所示。

 举一反三

　　对联广告做完后，不论网页宽度大小都会出现对联广告，页面小时会影响网页内容的显示和用户浏览。现在小李通过 JavaScript 代码判断网页的大小，如果网页宽度小于 1 024 像素点则不显示对联广告，大于 1 024 像素点则显示对联广告。

　　参考代码如下。

```
var iScreenWidth = window.screen.width; //获得网页大小
If(iScreenWidth < 1024)
{
    document.getElementById('ad_left') .style.display = 'none'; //ad
_left 不显示
}
Else
    }
```

任务 3　制作弹出广告窗口

 任务描述

　　弹出广告窗口是网页中很常见的一种广告形式，即在用户进入网页时，自动开启一个新的窗口，具有很强的广告效果。小李在思考之后决定在公司网站中也添加这样的功能。

 自己动手

　　小李想实现访问项目 8 中 index. asp 网页后，随即自动弹出一个广告窗口，如图 8-13 所示。

1. 创建弹出广告窗口

（1）启动 Dreamweaver，在 includes 文件夹下创建一个 ad. asp 文件，如图 8-14 所示。

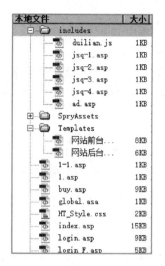

图 8-13　弹出广告　　　　　　　　图 8-14　创建文件

（2）选择"修改"菜单的"页面属性"命令，如图 8-15 所示，弹出"页面属性"对话框。

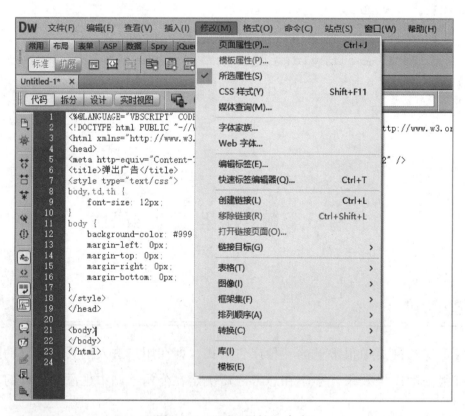

图 8-15　"页面属性"命令

（3）在如图 8-16 所示的"页面属性"对话框中，"大小"设置为"12"，"背景颜色"设置为"#999"，上、下、左、右 4 个边距均为 0 像素。

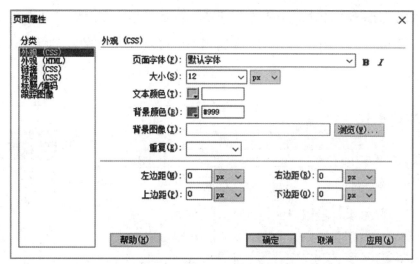

图 8-16　外观设置

（4）在如图 8-17 所示的"标题/编码"分类中，将网页标题修改为"弹出广告"，在"编码"列表中选择"简体中文（GB2312）"选项，单击"确定"按钮，在"< body ></body >"标记中输入要显示的广告内容，保存文件，完成 ad. asp 页面的设计。

2. 实现自动弹出效果

小李完成了弹出广告窗口的制作之后，想在所有的前台页面中添加自动弹出"ad. asp"文件的效果。

（1）双击打开"index. asp"。选中<body>标记，按 Shift+F4 键，打开"行为"面板，单击"行为"面板中的  按钮，在弹出的下拉列表中选择"打开浏览器窗口"选项，如图 8-18 所示。

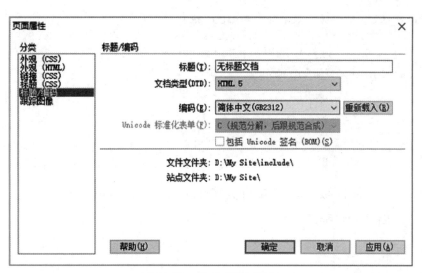

图 8-17　修改标题/编码　　　　　　　　　　图 8-18　"打开浏览器窗口"选项

（2）在弹出的如图 8-19 所示的"打开浏览器窗口"对话框中，单击"浏览"按钮，选择"../include/ad.asp"文件，根据内容的多少设置窗口的大小，单击"确定"按钮。

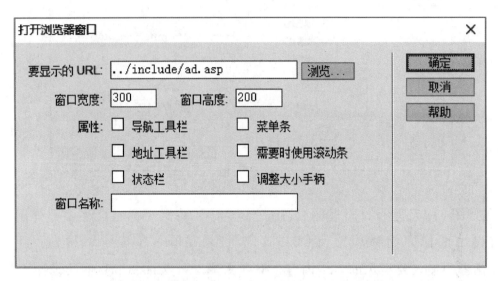

图 8-19 "打开浏览器窗口"对话框

提个醒

在代码中可以看到上述操作实际上就是对"<body></body>"标记进行了一些修改，即添加了 onload 事件代码。

```
<body onload =" MM_openBrWindow ('../include/ad.asp ', '', ' width = 300,
height = 200')" >
在<title>标签中间增加了如下代码。
<script type =" text/javascript" >
function MM_openBrWindow (URL，winName，features)
{ //v2.0
window.open (theURL，winName，features);
}
</script>
```

（3）在如图 8-20 所示的"行为"面板中，设置行为的触发事件为"onLoad"。

（4）按 F12 键预览，效果如图 8-21 所示。

图 8-20　"行为"面板　　　　　　　　　　　　图 8-21　效果图

 举一反三

进一步完善任务 3 中弹出广告窗口中的内容，将产品图片与文字添加到弹出广告窗口中，图片文件与文字自选。

知识拓展

1. 常见的网页广告形式

（1）横幅广告。横幅广告是最早的网络广告形式，是互联网广告中最基本的广告形式。定位在网站首页或各级子页面的最上方，浏览者将最先注意到这个位置的广告。同时还可使用 Java 等语言使其产生交互性，用 Shockwave 等插件工具增强表现力。

（2）通栏广告。通栏广告以横贯页面的形式出现，该广告形式尺寸较大，视觉冲击力强，能给网络访客留下深刻印象。特点是吸引力更强，表现更突出，备受来访者关注。通常是当前页面横向拉通的大横幅广告。

（3）按钮广告。按钮广告其实是从横幅广告演变过来的一种广告形式，图形尺寸比横幅广告要小。文件格式为 JPG、GIF、SWF。同横幅广告一样，可使用 Java 等语言使其产生交互性，用 Flash 等增强表现力。一般是 120×60 像素，甚至更小。由于图形尺寸小，表现形式小巧，因此可以被更灵活地放置在网页的任何位置。

（4）漂浮图片广告。可以在指定页面游来游去的小图片广告，可以根据广告内容的要求并结合网页本身特点设计"飞行"轨迹，增强广告的曝光率，吸引浏览者。

（5）漂浮对联广告。形如一副对联，是挂于首页两侧，是不会产生上下段位的广告盲区，该广告位置可以强烈冲击访客视觉。

（6）弹出窗口广告。当打开或关闭一个网页时自动弹出的一个窗口（页面）。可以吸引来访者点击，给来访者留下深刻的印象。

（7）文本链接广告。文本链接广告是一种对浏览者干扰最小，但却很有效果的网络广告形式。打开文本链接显示一个图文并茂的广告网页。

（8）画中画广告。画中画广告是指在文章里强制加入广告图片，如在新闻里加入 Flash 广告，这些广告和文章混杂在一起，读者有时无法辨认是新闻图片还是广告。即使会辨认，也会分散注意力。该广告将配合客户需要，链接至为客户量身定做的迷你网站，大大增强广告的命中率。一般大小为 360×300 像素，或 360×408 像素。画中画广告一般不能放到首页上，但在内页中有相当大的吸引力，加上使用 Flash 的动态与声音效果，点击率一般比横幅广告高。

（9）全屏收缩广告。全屏收缩广告发布在新闻中心和新闻频道首页，打开浏览页面后全屏展示广告画面，逐渐回缩至消失或回缩到一个固定广告位（横幅广告或者按钮广告），是一种新型的广告形式，具有很强的表现力。

2. JavaScript

JavaScript 是一种网络脚本语言，已经被广泛应用于 Web 应用开发，常用来为网页添加各式各样的动态功能，为用户提供更流畅美观的浏览效果。JavaScript 脚本通常是通过嵌入在 HTML 中来实现自身的功能。其特点如下。

（1）是一种解释性脚本语言（代码不进行预编译）。

（2）主要用来向 HTML（标准通用标记语言下的一个应用）页面添加交互行为。

（3）可以直接嵌入 HTML 页面，但写成单独的 JavaScript 文件有利于结构和行为的分离。

（4）跨平台特性，在绝大多数浏览器的支持下，可以在多种平台下运行（如 Windows、Linux、Mac、Android、iOS 等）。

（5）JavaScript 脚本语言同其他语言一样，有它自身的基本数据类型、表达式和算术运算符及程序的基本程序框架。JavaScript 提供了 4 种基本的数据类型和两种特殊数据类型用来处理数据和文字，而变量提供存放信息的地方，表达式则可以完成较复杂的信息处理。

发布及维护网站

公司网站设计项目任务完成了，小李对网站进行最终调试，并将网站发布到网上，让所有人通过互联网访问到公司网站。通过关键字、网页、网站优化提高访问速度与查询速度，提高网站的浏览量。

通过本项目学习，掌握网站发布过程，学会在网络上申请域名空间，掌握站点上传、域名申请的方法。掌握清理 HTML、JavaScript 外置、设置搜索关键字、网站优化及推广的知识。

任务1 调试网站

 **任务描述**

到现在为止，整个网站的网页已经基本编辑好了。对于制作本地站点来说，就剩下最后一步，即系统调试了。任务的目标就是检查每个页面的标题是否合适，还有没有提示信息需要添加或修改。检查网页中用到的参数是不是正确的，每一个网页中所建立的超链接是不是正确无误等。全部逐一浏览每一个页面，对每一个网页的功能都再实际操作一遍。

 自己动手

1. 添加"设为首页"和"加入收藏"代码

在首页右上角添加 2 个特殊的超链接，即"设为首页"和"加入收藏"。它们的代码如下。

```
<a href = "javascript:;"onclick = "this.style.behavior ='url(#default#
homepage)';this.setHomePage(location.href);">设为首页</a>|<a href =
"javascript:;" onClick = "window.external.AddFavorite(location.href,
document.title)">加入收藏</a>
```

2. 测试前台网页的效果

（1）测试网站首页。查看各种广告与媒体的显示是否正确，新闻、热销产品的显示是否正确，如图9-1所示。

图9-1 网站首页测试效果

（2）公司简介测试。主要对"公司简介""联系我们""公司荣誉"等公司信息进行测试，如图9-2所示。

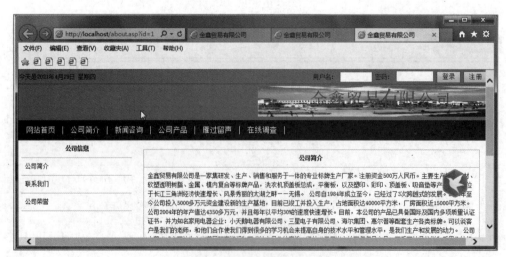

图9-2 公司简介页面测试效果

（3）留言与反馈。对用户留言、游客留言、通用留言等功能进行调试，如图9-3所示。

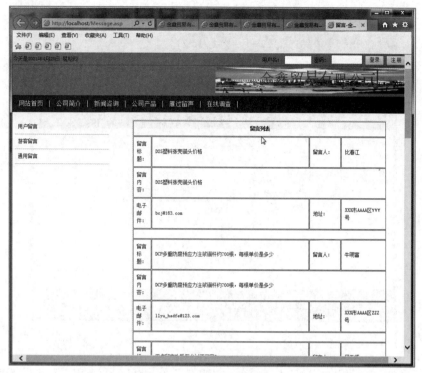

图9-3 留言页面测试效果

（4）公司新闻测试。对公司新闻列表、新闻详细页面、新闻评论等功能进行测试，通过对新闻详细页面刷新对点击数功能进行测试，如图9-4所示。

图9-4 公司新闻页面效果图

（5）网络调查测试。对网站满意度、优秀员工及通用调查的投票及结果展示进行测试，如图9-5所示。

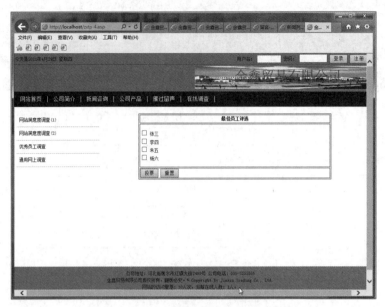

图9-5 网络调查页面测试

（6）产品展示测试。对产品列表展示、产品介绍、购买产品及购物车功能等进行测试，如图9-6所示。

图9-6 产品列表

系统调试看似简单，实际上这是对网站最后检查，是非常细致的工作。

举一反三

对网站后台进行测试。

依次对公司新闻、公司产品、公司简介等内容进行删除、修改、添加等操作，对留言进行删除操作，对产品订单进行确认操作，以测试通过后台页面对以上信息操作的正确性与可靠性。

后台网页调试，既要调试各功能本身，更要想到网站安全，每个后台页面不能让非管理员用户进入及操作。

任务2　发布网站

任务描述

本地站点是在互联网上看不到的，只有将本地站点放在互联网的空间或自己有独立的公网 IP，才能在互联网上看到自己设计的网站。

自己动手

1. 空间申请

当前网站空间一般分为免费和付费两种，各大网络运营商及互联网公司都提供网站空间服务，当前微软、阿里、腾讯、百度、京东等都提供云服务。个人主页只需要申请一个个人免费空间即可，没有必要申请付费网站空间，如果创建一个公司大型网站，要求足够的网络空间及无广告的干扰，则应申请一个商业级的付费网站空间。

（1）在浏览器的地址栏中输入 http://free.3v.do/。单击"注册"按钮后，进入注册页面，如图 9-7 所示。填写好各种信息后，单击"递交"按钮，进入注册成功页面。

（2）在如图 9-8 所示的网页中，单击"激活 FTP"链接，出现 FTP 的地址、FTP 用户名、密码等信息。

图 9-7　注册页面

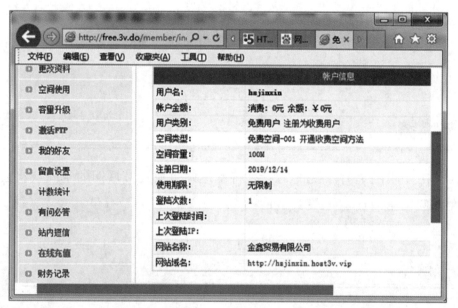

图 9-8　注册信息

> ### 📖 小知识
>
> 　　网站空间就是虚拟主机，就是把一台运行在互联网上的服务器划分成多个"虚拟"的服务器，每一个虚拟主机都具有独立域名和完整的 Internet 服务器（支持 WWW、FTP、E-mail 等）功能。一台服务器上的不同虚拟主机各自独立，并由用户自行管理。但一台服务器主机只能够支持一定数量的虚拟主机，当超过这个数量时，用户将会感到性能急剧下降。
>
> 　　按照免费空间支持的脚本和其数据库，一般将其分为 ASP 免费空间、PHP 免费空间、ASP/PHP 免费空间、net 免费空间、JSP 免费空间等；按国别来区分，一般分为两大类，即国内免费空间和国外免费空间。

2. 网站上传

（1）修改数据库连接，以字符串来连接数据库，代码为 ""Provider = microsoft. ACE. oledb. 12. 0；Data Source = D:\My Site\database\database. accdb""。上传到服务器后数据库文件夹位置要发生改变，如果位置改变了就不能访问数据库了，所有程序也就不能运行了。为了正常运行，一般用两种方法来解决。一是用 ASP 探针获取主页空间在服务器上的位置，然后改为绝对路径，例如，网站在服务器的位置为 "D:\rootput\jinxin\"，则字符串就改为 ""Provider = microsoft. ACE. oledb. 12. 0；Data Source = D:\rootput\jinxin\database\database. accdb""。二是使用虚拟路径字符串 ""Provider = microsoft. ACE. oledb. 12. 0；Data Source = &Server. MapPath（"\database\database. accdb"）"，在 "自定义连接字符串" 对话框中，"Dreamweaver 应连接" 修改为 "使用测试服务器上的驱动程序"，如图 9-9 所示。

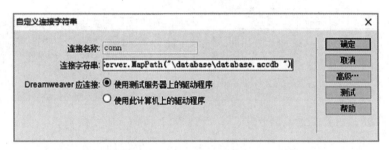

图 9-9　"使用测试服务器上的驱动程序" 设置

（2）打开 Dreamweaver，单击 "站点" 菜单，选择 "修改站点" 命令，弹出如图 9-10 所示的 "管理站点" 对话框，在 "管理站点" 对话框中通过双击打开 "ASP 学习站点" 管理对话框，站点名称修改为 "金鑫贸易有限公司"。

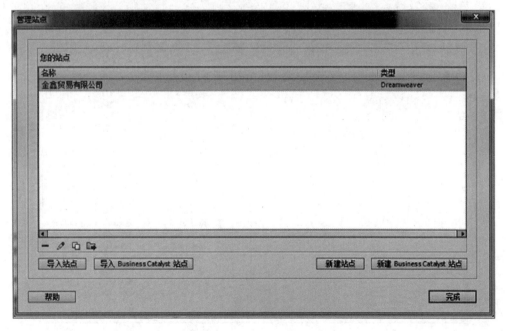

图 9-10　"管理站点" 对话框

（3）在"管理站点"对话框中，单击"服务器"分类，如图9-11所示，服务器更名为"金鑫贸易有限公司"，连接方法为"FTP"，FTP地址为"ftp. jinxin. com"，根目录为"/"，填写用户名与密码后，测试连接，出现如图9-12所示的提示框，说明成功连接，单击"确定"按钮。

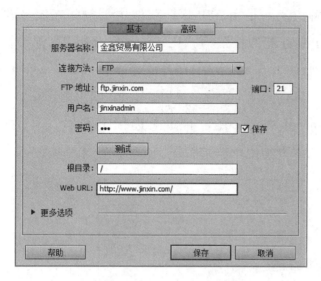

图9-11　连接远程服务器　　　　　　图9-12　连接成功

（4）在"文件"面板单击 按钮，展开本地与远程视图。在如图9-13所示的窗口中，单击 按钮，连接成功后，单击 按钮，出现如图9-14所示的提示框，单击"确定"按钮，出现网站上传窗口，如图9-15所示，全部文件上传成功后关闭窗口，如有未能上传的文件或文件夹，找到原因后重新上传。

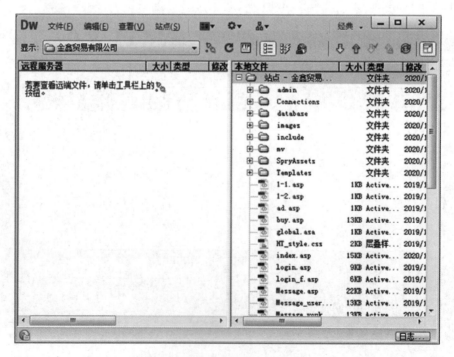

图9-13　展开的本地与远程服务器

图 9-14 上传提示　　　　　　图 9-15 "后台文件活动"窗口

举一反三

本地发布网站，可以方便网站管理，简单易行。主要有两种方法实现，一是在电信服务商申请固定的公网 IP，并绑定域名。二是用花生壳或其他 DDNS 内网穿透软件，对内网 IP 做动态主机解析。

任务3　优化网站

任务描述

网站优化是指通过对网站功能、网站结构、网页布局、网站内容等要素的合理设计，使得网站内容和功能表现形式达到对用户友好并易于宣传推广的最佳效果，充分发挥网站的网络营销价值。网站的优化是一项系统性和全局性的工作，包括对用户的优化、对搜索引擎的优化、对运营维护的优化。网站优化已经成为网络营销经营策略重要的技术环节。

自己动手

1. 关键词优化

打开"网站前台模板"，单击"插入"菜单，选择"HTML"→"文件头标签"→"关键字"命令，出现"关键字"对话框，如图 9-16 所示。在"关键字"文本框中输入"金鑫，贸易，有限公司"，单击"确定"按钮。

图 9-16 为网页加入关键字

产生代码为"<meta name="keywords" content="金鑫，贸易，有限公司"/>"。

 小知识

搜索引擎都是通过页面的关键字密度来决定该页面与关键字的关联度，关联度越高，该页面的相关性就越高，所以应确保关键字在整个网页中的充分利用和合理分布。

2. 网页优化

（1）清理 HTML/XHTML。打开"网站前台模板"，单击"命令"菜单，选择"清理 HTML/XHTML"命令，出现如图 9-17 所示的"清理 HTML/XHTML"对话框，选择要移除的内容后，单击"确定"按钮。

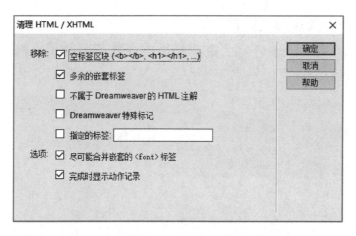

图 9-17　"清理 HTML/XHTML"对话框

 小知识

清理 HTML/XHTML 的目的是清理其他软件生成的冗余代码，使页面打开速度更快，代码更具可读性。

（2）将 JavaScript 外置。打开"网站前台模板"，单击"命令"菜单，选择"将 Java-Script 外置"命令，出现如图 9-18 所示的"将 JavaScript 外置"对话框，选择"仅将 Java-Script 外置"单选按钮，单击"确定"按钮。

3. 网站优化

（1）单击"网站"菜单，选择"检查站点范围的链接"命令，"属性"面板下方出现链接检查器，如图 9-19 所示。在"显示"下拉列表中依次选择"断掉的链接""孤立的文件""外部链接"等选项，然后对每一个链接与孤立的文件进行修订。

（2）在如图 9-20 所示的"浏览器兼容性"选项卡中查看不兼容的代码。

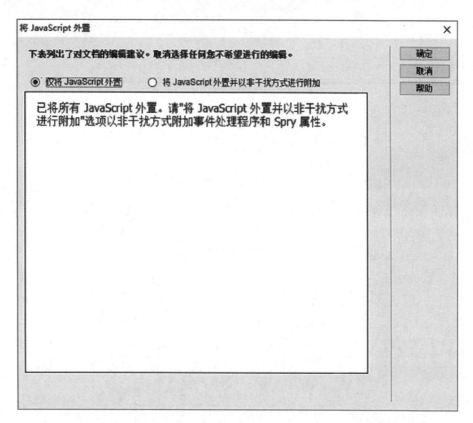

图 9-18　"将 JavaScript 外置"对话框

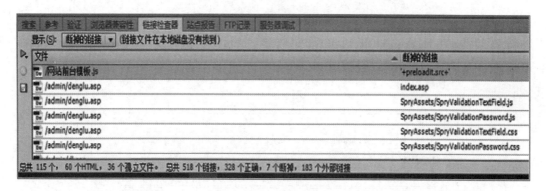

图 9-19　网站检查

图 9-20　浏览器兼容性检查

（3）根据链接检查器，补齐站点链接，删除无用的孤立文件。一是将所有不能通过主页访问的网页，在 ID 为 left 的 DIV 中加入相应链接；二是将浏览器不兼容的代码修改为兼容代码。

在 Dreamweaver 中运行报告以测试站点。

（1）单击"站点"菜单，选择"报告"命令，出现如图 9-21 所示的"报告"对话框。

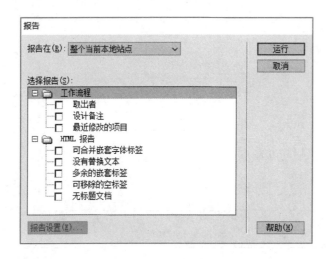

图 9-21 "报告"对话框

（2）在如图 9-21 所示的"报告"对话框中，单击"运行"按钮，出现如图 9-22 所示的站点设计报告网页。

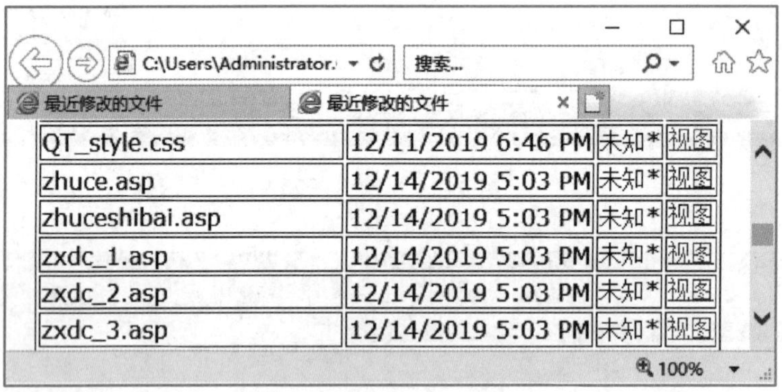

图 9-22 报告

（3）通过报告可以查看网页信息并依此优化网页。修订所有的链接，将所有标题为"无标题文档"的页面修改为正确的标题。

知识拓展

从可维护性和搜索引擎优化的角度来说，网站优化的原因是，简洁的代码能够大大降低带宽的要求，加快页面加载速度，使得网站更容易维护，有利于搜索引擎抓取，使得网站对于搜索引擎更加友好，有利于提高网站的排名等。

对于网站设计和开发人员来说，网站优化就是使用标准。对于用户来说，网站优化就是最佳体验。

1. 页面关键字与关键字密度优化

很多搜索引擎都是通过页面的关键词密度来决定该页面对关键字的关联度，关联度越高，该页面的相关性就越高，所以应确保关键字在整个网页中的充分利用和合理分布。具体做法有充分利用所有可以利用的因素，但不要过分重复或简单排列关键字。应遵循必要的语法规则，形成自然流畅的语句，使网页不失吸引力。从页面因素的优化角度出发，可考虑将关键字分布在网页标题、网页描述/关键字、正文标题、正文内容、文本链接、ALT 标志中。

2. 建立网站地图

网站地图包括主要网页的内容链接或者栏目链接。根据网站的大小、页面数量的多少，它可以链接部分主要的或者所有的栏目页面。这样，搜索引擎程序得到了网站地图页面，就可以迅速地访问整个站点上的所有网页及栏目。为了使网站地图吸引搜索引擎与访问者，一定要在链接后写上一定的描述性短句，对与此链接相关的关键词进行简单描述，但是不能过度使用关键词。作为网站地图，不仅是为搜索引擎设计的，也是为访问者设计的，如果访问者能感觉到地图好用，搜索引擎也同样能正确地理解地图的意义。

郑重声明

高等教育出版社依法对本书享有专有出版权。任何未经许可的复制、销售行为均违反《中华人民共和国著作权法》，其行为人将承担相应的民事责任和行政责任；构成犯罪的，将被依法追究刑事责任。为了维护市场秩序，保护读者的合法权益，避免读者误用盗版书造成不良后果，我社将配合行政执法部门和司法机关对违法犯罪的单位和个人进行严厉打击。社会各界人士如发现上述侵权行为，希望及时举报，我社将奖励举报有功人员。

反盗版举报电话　　（010）58581999　58582371

反盗版举报邮箱　dd@hep.com.cn

通信地址　北京市西城区德外大街4号　高等教育出版社法律事务部

邮政编码　100120

读者意见反馈

为收集对教材的意见建议，进一步完善教材编写并做好服务工作，读者可将对本教材的意见建议通过如下渠道反馈至我社。

咨询电话　400-810-0598

反馈邮箱　zz_dzyj@pub.hep.cn

通信地址　北京市朝阳区惠新东街4号富盛大厦1座

　　　　　高等教育出版社总编辑办公室

邮政编码　100029

防伪查询说明

用户购书后刮开封底防伪涂层，使用手机微信等软件扫描二维码，会跳转至防伪查询网页，获得所购图书详细信息。

防伪客服电话

（010）58582300

学习卡账号使用说明

一、注册/登录

访问http://abook.hep.com.cn/sve，点击"注册"，在注册页面输入用户名、密码及常用的邮箱进行注册。已注册的用户直接输入用户名和密码登录即可进入"我的课程"页面。

二、课程绑定

点击"我的课程"页面右上方"绑定课程"，在"明码"框中正确输入教材封底防伪标签上的20位数字，点击"确定"完成课程绑定。

三、访问课程

在"正在学习"列表中选择已绑定的课程，点击"进入课程"即可浏览或下载与本书配套的课程资源。刚绑定的课程请在"申请学习"列表中选择相应课程并点击"进入课程"。

如有账号问题，请发邮件至：4a_admin_zz@pub.hep.cn。